南京师范大学立德树人省部共建协同创新中心资助研究成果

殷　飞◎著

《颜氏家训》给我们的110条家教智慧

江蘇鳳凰教育出版社
Phoenix Education Publishing, Ltd

图书在版编目（CIP）数据

《颜氏家训》给我们的110条家教智慧 / 殷飞著. --
南京 ：江苏凤凰教育出版社，2021.6（2022.11重印）
ISBN 978-7-5499-8932-4

Ⅰ. ①颜… Ⅱ. ①殷… Ⅲ. ①《颜氏家训》—研究②
家庭教育 Ⅳ. ①B823.1②G78

中国版本图书馆CIP数据核字(2020)第168971号

书　　名　《颜氏家训》给我们的 110条家教智慧
著　　者　殷　飞
责任编辑　薛　柏
装帧设计　李广玹
出版发行　江苏凤凰教育出版社（南京市湖南路 1 号 A 楼　邮编 210009）
苏教网址　http://www.1088.com.cn
制　　版　南京凯建文化发展有限公司
印　　刷　南京斯马特数码印务有限公司（电话 025-87771717）
厂　　址　南京栖霞区马群街 33 号紫金工坊科技文化创意产业园 12 幢（邮编 210049）
开　　本　787 毫米 ×1092 毫米　1/16
印　　张　15.25
版　　次　2021 年 6 月第 1 版
印　　次　2022 年 11 月第 2 次印刷
书　　号　ISBN 978-7-5499-8932-4
定　　价　68.00 元
网店地址　http://jsfhjycbs.tmall.com
公 众 号　江苏凤凰教育出版社（微信号：jsfhjycbs）
邮购电话　025-85406265，025-85400774，短信 02585420909
盗版举报　025-83658579

苏教版图书若有印装错误可向承印厂调换
提供盗版线索者给予重奖

目　录

序

两年前，殷飞老师请我为他的作品《汉字中的家庭教育智慧》写序，我犹豫片刻后，欣然应允。今天，他又示我最新研究成果《〈颜氏家训〉给我们的 110 条家教智慧》，嘱继续为其作序。感谢他的信任，我有幸成为这本书的第一位读者，我为他高兴，也为他喝彩。他在家庭教育的探索中又迈开了坚实的一步。我感觉他像一个淘宝者，在中华文明的肥沃土壤里不停地寻找，找到他所认为的宝藏。继汉字之后，他又关注经典，且是公认的家庭教育的经典名著，更重要的是他走进了历史，走进了经典人物的生活世界。他用生动活泼的语言，描绘了经典人物的起伏人生和鲜活的世界。

走进经典，发现经典。与其他作者不同，他在经典中找到了一个很好的视野——平衡教育思想，这一思想犹如一根绳子串起了一系列的珍宝，贯穿起一个庞大的家庭教育思想体系。粗略看这部著作是作者对《颜氏家训》的一种解读，但细细品味会发现其实是作者对颜之推家庭教育思想研究的升华。作者敏锐地感受到现代家庭教育的失衡给儿童与少年成长造成的偏颇，提出了学习颜之推平衡教育思想的必要性，作者在这一思想体系中深挖出许许多多的真知灼见，梳理出蕴含其中的教育思想，给我们栽培了一棵家庭教育的智慧之树，这棵树枝繁叶茂，生机盎然。

走进历史，用活历史。从传统文化中汲取家庭教育智慧，用自身的体悟、理解解读经典，再用今天通俗的语言来表达、传承经典是殷飞老师做研究的一大尝试。殷飞老师对父母教育角色的归纳颇具特色，对颜之推教育思想的解读较具说服力，如“及早扮演”“以始为终”“严慈相济”“纠偏艰难”“由爱出发”“终身持续”“积极等待”“近而不狎”“爱而不简”“有所不为”“平等施爱”“价值为要”，这些家庭教育的基本原则恰恰是今天的家庭教育实践最为实用也最为欠缺的内容。解读《颜氏家训》的著作众多，然而有此认识者实属凤毛麟角，也尤其难能可贵。对中华优秀家训的家庭教育价值、原则、方法等系统地梳理、总结、研究需要更多有识之士的不懈努力，这方面殷飞老师给我们树立了较好的榜样。

走进生活，引导生活。这部著作诠释的是家庭教育文化，也是中华优秀传统文化，它涉及的领域不仅仅是今天如何做父母，更多的是引导人们认识子女应成为什么样的人，即我们要培养什么样的人。从这个意义上说，该著作具有较好的树人价值。家庭教育的根本任务是育人，是教养出顺应社会及人的发展方向的积极的社会成员。然而，育人在家庭教育中的比重目前是远远不够的。为国教子、为党育人是每一个家庭的使命与责任，而这一使命的达成恰恰是在日常生活中润物无声地完成的。过什么样的生活，意味着接受什么样的教育，殷飞老师的这部著作给我们提供了诸多积极生活的启示，细细捧读可以很好地帮助当下的父母拓展生活的视野、激发生活的动力、创造美好的生活、树立育儿的信心。殷飞老师是生活教育的积极倡导者，也是家庭教育指导服务的践行者，祝愿他在家庭教育指导的理论与实践探索方面结出更多的硕果。

教育学博士、教授、博士生导师、南京师范大学副校长　缪建东
2020 年 12 月 9 日

乱世中士族的平衡教育智慧（代前言）

我不是历史学者，不准备考证颜之推生平各种具体的历史细节，例如生卒年月、家训成书的具体日期等。作为家庭教育研究工作者，我主要以南北朝至隋朝的大历史为背景，通过颜之推个体生命的特殊经历理解乱世中士人对人生、学问以及世事的看法与平衡艺术。作为儒家先贤颜回的后人，颜之推将汉族文人崇文尚教的传统表现得淋漓尽致，即使在生活困顿之时，他也坚决反对儿子"弃学徇财"，而坚持"父当以学为教"的重学理念。

颜之推的一生可以用"矛盾"和"平衡"两个词来形容，只有理解了颜之推的家族身世与时代背景，才能深刻理解他为人、为学、治家基本理念的根源，才能理解特定历史时期文人士大夫的家训立场，理解独特的社会生活背景对他的思想所造成的影响。

一、儒学门风，经世未绝

琅邪颜氏是东晋南北朝较少习染玄学风气而保持儒学传统的少数高门之一。[①] 颜之推的九世祖颜含在西晋灭亡后，带领颜氏家族，跟随东晋开国皇帝司马睿南渡长江。在"王与马，共天下"的东晋王朝初期，颜含极力主张限制世家大族的权利，反对门阀擅政。颜含辞世后，晋成帝司马衍"美其素行"，加封其为右光禄大夫。

颜之推的祖父颜见远在南齐任治书侍御史兼中丞，后来朝代更替，颜见远绝食，数日而亡。

颜之推的父亲颜协，在父亲颜见远"不事二主"绝食而亡后，"幼孤"，被舅舅收养，从小"博涉群书，工于草隶"，长大后，他感于"家门事义"，只在

---

① 秦元．颜之推研究．济南：齐鲁书社，2012

湘东王萧绎也就是后来的梁元帝的幕府做事，于四十二岁去世。

从祖先颜回到东晋初年家族主要首领颜含的“重操行”，到祖父颜见远的“身殉旧朝”、父亲颜协的“不求显达”，再到颜之推的“少欲知足”，这样一脉相承的家风足可见颜氏一族的儒家风范。

当然，这样的传统并未到颜之推而终止，为了延续家风，颜之推除了撰写家训以教导子孙，在给孩子取名时也花费了心思，如颜之推长子名“思鲁”，长孙字“师古”。颜师古是唐朝初期的古文献学家，他为《汉书》作的注释是目前尚存的重要古代文献。

二、一生探索，寻求平衡的为人为学智慧

颜之推的思想有儒学士人的情怀，有时代的烙印，也有个人经历的痕迹，他的思想和行为中的诸多“矛盾”是时代背景、个人经历和理念价值冲突与平衡的结果。

（一）教导子女：严慈平衡

“父母威严而有慈，则子女畏慎而生孝矣。”可以说，这是颜之推家训教育方法的统领。颜之推认为，父母只有慈爱而没有威严，只能让孩子“傲慢”“增怨”，最终“败德”。这和现代很多人片面宣扬“爱”“自由”“天性”以及“自然”等教育理念不太一样，颜之推虽然不能像现代人一样用统计学的方法进行分析，但是他通过对家族长期的记录与观察，发现了这一教育规律。当前不少人从某个教育成功案例出发，忽视对孩子的严格要求，甚至以孩子在行为被规范时产生的情绪来判断教育方法的优劣。

颜之推认为，一些父母不会教育子女，“非欲陷其罪恶”，而是“不忍”。虽然宠溺孩子有可能会“害”了孩子，但是父母的出发点是因为爱，这一点是可以理解的。颜之推正是由此出发谆谆教导子孙：在爱孩子的同时也要严格要求孩子。

颜之推不是苛责教育的宣扬者，他没有忽视“爱”在教育孩子的过程中的基础性价值，“序致”篇中的“夫同言而信，信其所亲；同命而行，行其所服”就已经表达了“爱”对教育的作用。当然，从篇幅与言辞看来，颜之推更多地强调了父母威信与教育过程严格的价值。

（二）治家艺术：以礼平衡

在家庭生活中，颜之推强调奢俭平衡。他用儒家主张立论，用孔子的“奢”和“孙”（谦逊）表征论述开篇，强调过度“奢”就会显得“不孙”（不谦逊），过度“俭”就会显得“固”（寒酸），但是，儒家更强调“收敛”的生活态度，“与其不孙也，宁固。”

颜之推进而论述了“俭”和“吝”的关系，并明确反对吝啬的治家态度。“可俭而不可吝已。俭者，省约为礼之谓也；吝者，穷急不恤之谓也。今有施则奢，俭则吝；如能施而不奢，俭而不吝，可矣。”如何避免骄奢和吝啬，颜之推在这里沿用了儒家的思想，认为平衡点是“礼”。

如何用“礼”来平衡治家过程中的种种问题呢？颜之推认为“礼”是法度，在奢俭平衡中能体恤他人、救助弱者是“省约”之礼；夫妇之间应该遵循“倡和”之礼；婚姻要遵循“素对”之礼，不要攀附富贵，等等。

这样的平衡思想在《颜氏家训》的许多篇章中都得到了充分体现，如“风操”篇中的避讳称谓等要遵循情与礼的平衡；慕贤时要做到远近平衡；做学问要做到专博平衡；写文章要做到文质平衡，以避免轻薄、无礼的措辞为自己招来祸害，等等。为了进一步表达平衡的理念，颜之推直接将第十三篇命名为“止足”。他不鼓励子孙致力于武功，他认为孔子即使文武双全也不以武力扬名，“孔子力翘门关，不以力闻”。在“养生”篇、“归心”篇、“书证”篇、“音辞”篇中，他教育子孙不走极端，提倡中庸之道；在“杂艺”篇中，他教育子孙在培养个人爱好时不要本末倒置；在“终制”篇中，他就贡品、墓碑、守陵等礼制，从“名实”角度提出以“扬名为要”来教育子孙在发展与守礼中取得平衡。

总之，《颜氏家训》中的平衡教育思想是儒家中庸思想的延续，也是儒家文人士子在乱世立身保命、生存发展之道。时代发展到今天，我们应该抱有什么样的立身治家哲学，如何把个体成长、家庭发展和国家乃至整个世界的命运相联系，是需要我们持续深刻探索的问题。

卷 第 一

一、“序致”篇

【原文】

夫圣贤之书，教人诚孝[一]，慎言检迹，立身扬名，亦已备矣。魏、晋已来，所著诸子，理重事复，递相模效[二]，犹屋下架屋、床上施床耳。吾今所以复为此者，非敢轨物范世也，业以整齐门内，提撕子孙。夫同言而信，信其所亲；同命而行，行其所服。禁童子之暴谑[三]，则师友之诫，不如傅婢[四]之指挥；止凡人之斗阋，则尧、舜之道，不如寡妻之诲谕。吾望此书为汝曹之所信，犹贤于傅婢寡妻耳。

吾家风教，素为整密。昔在龆龀[五]，便蒙诱诲；每从两兄，晓夕温清，规行矩步，安辞定色，锵锵翼翼[六]，若朝严君[七]焉。赐以优言，问所好尚，励短引长，莫不恳笃。年始九岁，便丁荼蓼[八]，家涂[九]离散，百口索然。慈兄鞠养，苦辛备至；有仁无威，导示不切。虽读礼传，微爱属文，颇为凡人之所陶染，肆欲轻言，不修边幅。年十八九，少知砥砺[十]，习若自然，卒难洗荡，二十已后，大过稀焉；每常心共口敌，性与情竞，夜觉晓非，今悔昨失，自怜无教，以至于斯。追思平昔之指，铭肌镂骨，非徒古书之诫，经目过耳也。故留此二十篇，以为汝曹[十一]后车[十二]耳。

【注释】

（一）诚孝：“诚”应为“忠”，王利器认为，隋朝为避隋文帝父亲杨忠的名讳而将“忠”改为“诚”。

（二）模效：模仿。

（三）暴谑：开玩笑过分了。

（四）傅婢：服侍左右的奴婢。

（五）龆龀：tiáo chèn，龆，通“髫”，意为小儿下垂的头发；龀，小儿换乳牙为恒牙。两字合在一起指孩童。

（六）锵锵翼翼：比喻恭敬谦和地行走。

（七）严君：指父母，也可只指父亲。

（八）荼蓼：tú liǎo，荼，指一种苦菜；蓼，指生长在水边或水里的一种具有辛辣味的草。泛指田野沼泽间的杂草。

（九）家涂：家道。

（十）砥砺：砥，指细腻的磨刀石；砺，指粗糙的磨刀石。两字合在一起意指磨炼、锻炼。

（十一）汝曹：汝，你；曹，辈、们、类。指你们。

（十二）后车：后继之车，引申为借鉴。

【今解】

1. 平衡血缘与亲情

“夫同言而信，信其所亲。”

——颜之推《颜氏家训·序致》

在孩子面前，父母有很多角色，如保护者、抚养者、陪伴者、支持者、教育者等等。孩子在成长过程中会遇到很多的陪伴者和教育者，但是对其影响最深远的可能就是和他们最亲、最近的父母。这份亲近感是天然的，但是基于血缘基础的亲近感并不必然会延续，如果父母做不到对孩子亲密，把孩子交给别人（如祖辈），时间长了，这份亲近感就会自然丧失。那么，孩子也就会对跟他比较亲近的人产生感情。儿童发展心理学研究表明，孩子能对不同的人形成依恋感，即多重依恋，因此，父母对孩子的爱是可以被其他人替代的。当然，孩子只要生活在稳定的有爱的关系中，一样会健康成长。

因此，父母应该重视自己基于血缘基础对孩子的角色优势，主动亲近孩子，陪伴孩子，培养和孩子的感情，让孩子感受到父母的爱，发挥对孩子的自然影响。

反之，如果父母和孩子不亲，只是靠父母的自然身份来压制孩子，这可能永远不能让孩子信服。因此，父母需要让孩子“信”，这就需要父母在扮演对孩子的影响和教育角色时考虑“你和孩子亲吗”，只有情感上亲近，他才会信你。否则有些孩子宁可信陌生人也不会信父母，而事实也确实如此，很多孩子因为从小缺少与父母亲近的体验，到了青春期很容易轻信那些对他们“示好”的人，甚至当一些犯罪小团伙向他们表达“关怀”时，这些孩子可能会不加辨别地加入其中，因为他们“信其所亲”。

西方学者认为家庭的诞生是从两个独立的年轻人结合开始，但在中国，家庭的诞生可不是这么简单，两个年轻人组建的小家庭不仅是他们自己的事，也是双方原生家庭的事。

随着现代社会家庭结构趋于缩小，由两个年轻人组建的家庭越来越独立于原生家庭之外，他们渴望独立，也确实越来越独立，但是想完全脱离原生家庭的影响，这是不太可能的。

在中国，70% ~ 80% 的家庭（城乡之间和不同地区之间会有差异）需要祖辈参与抚养与管教孩子，正因为有了老人的参与，更多的年轻人才能安心工作。在祖辈为第三代付出的同时，年轻的父母们应当注意一些陈规陋习或者狭隘观念会对孩子的成长产生影响，有些影响很有可能是致命的。

2018 年 12 月 2 日，湖南某地 12 岁的吴某杀死了自己 34 岁的母亲。人们在事后分析这个孩子的心理行为时，发现影响因素很多，如从小缺少母亲的陪伴、祖辈的溺爱等。这些因素对分析孩子极端的行为都有启发意义。

我认为这对母子之间最大的问题是缺乏亲近感。孩子出生没几个月，母亲因为外出务工，就离开了孩子，将他交给爷爷奶奶抚养。若干年后，母亲回到家，接管了这个孩子。从心理和情感的角度分析，母亲对于这个孩子而言是情感的“空降兵”，孩子和母亲之间缺少后天建立起来的感情。这份感情不是身份所天然赋予的，而是通过真实的互动建立起来的。

《颜氏家训》在“序致”篇中就有“信其所亲”的观点。这里的“亲”不仅指“亲人”，更指“亲密的人”和“亲情”，以及通过交往互动所形成的亲近感和信任感。弑母悲剧中的母亲，可能认为作为母亲自己天然就应该得到孩子的爱和尊重，这是不正确的。

没有了爱和依恋的“储蓄”，父母教育孩子的资本就不足，“心理权力”在下降，孩子会把母亲的教导（有时甚至是打骂）看成外来威胁。同理，学校里的“亲其师，信其道”说的也是这个道理。

信其所亲，是不是意味着目前农村大量的留守儿童，父母就不能和他们培养起亲密的感情呢？也不是，长期分离的亲子之间培养亲情的难度较大，但还是可以有所作为的，这就需要实际抚养人（如祖辈）能够有意识地帮助孩子和远方的父母建立起恰当的亲子关系。

作为孩子实际抚养人的祖辈要意识到孩子不是哪一方家庭的，尽管他可能随某一方姓，但是他并不简单属于哪一个家庭，他是完整的、独立的个体。独立的孩子需要健全的家庭意识，这就需要祖辈能够善意地、积极地解释父母的关爱与教育行为，不能因为各种世俗的因素而将孩子陷于家庭矛盾之中，不应该将自己与孩子父母的矛盾传播给孩子，更不应该将孩子作为家人间明争暗斗的工具，这可能会对孩子产生更为深远、持久的伤害。

2. 平衡身份与威信

“同命而行，行其所服。”

——颜之推《颜氏家训·序致》

父母对孩子教育的一个重要基础是“服”，与亲近形成的“信”共同构成“信服”，因为信服，孩子才能聆听，才会尊重，才有谨慎的行为。因此，父母要在孩子面前具备一定的威信。这并不意味着父母要用威信获得存在感和被尊重感，而是从儿童接受教育的角度分析的：敬畏、庄重的状态，是一个人学习的基础。“君子不重则不威，学则不固”，讲的就是这个道理。

当然，父母对孩子的威信不是靠天然身份就能拥有的，不是“我是你爸，你就得听我的”的逻辑，而是父母的行为、人格、价值观念和心理状态，能够让孩子真正地悦纳与诚服，这样的威信才能深刻地影响孩子。

教育是对人的影响，它符合人与人互动的最基本规则。成人影响儿童需要威信，儿童影响儿童也需要威信，成人影响成人更是如此。因此，我们在探讨教育问题时，不能主观地认为孩子天然就会信服父母。

威信，是从儿童心理出发的教育要求。如果从儿童发展角度分析，我们还是可以把握一些简单规律的，如孩子越大，其自我意识也就越强，父母威信中的“信”的要求就越高；孩子越小，其独立思维能力越弱，“威”的要求就显得尤为重要。

再好的教育，如果孩子不接受，也是枉然。要让孩子接受父母的教导，情感的维度就不能忽视。与消极情感相比，积极情感更为人道，更加有利于孩子主动亲近父母与接受父母的教导。

父母的个性让孩子“服”。“有理不在声高”，对孩子吼叫并不能让孩子信服，父母的威信可能更多建立在心平气和交流的基础上。有人提出：声音低三度对孩子说话，可能对孩子的帮助更大，因为它不容易激起孩子的心理防御和痛苦抵触。所以，父母要多多体察与反观自己的个性特征，是容易给人造成压力的类型，还是比较稳定与谦和的类型？努力做到在亲子互动中，能够耐心地说明道理，纠正错误，坚持原则。

父母的榜样让孩子“服”。父母如何对待家人，对待自己的健康和事业，如何与人打交道，如何拥有更宽广的胸怀等，都在潜移默化地影响孩子。如果父母能做到自律自控，在孩子面前做一个好人、好员工、好公民，那么，他们的威信会不知不觉地建立，所谓“其身正不令而行”就是这个道理。为什么有不少孩子越大越不尊重父母，甚至会出现逆反顶撞父母的行为，究其原因，一方面是孩子的成长所带来的心态改变，他们渴望被成人世界认同，从而通过故意的反叛获得价值感，另一方面是孩子越来越发现父母和过去他们心目中的“神”相差甚远，甚至有时父母的不当言行还会让孩子感到难堪。

父母的帮助让孩子“服”。父母有主动帮助孩子成长的义务和责任。孩子在每个阶段都可能会遇到成长的难题，很多难题需要父母协助才能解决。父母在协助孩子的过程中，需要维持相对理性的心态，针对孩子具体问题客观予以帮助，在帮助中不要忘记几点：孩子是自己问题的主人，要给孩子机会，让他自己处理问题，让孩子在父母的帮助下获得解决问题的成就体验。父母要尽量做到不越俎代庖，成为一个好的帮助者，使孩子感到自信，同时也对帮助他的父母感到信服。

在现在的家庭教育中，很多父母常常走向两个极端，要么用“暴戾”的教育让孩子“服从”，要么用纵容的教育让孩子“愉快”。这两种极端方式的“好处”是“快”，孩子的好行为来得快，父母的压力消解得也快，但是弊端也是很明显的：孩子的好行为只有在压力面前得到体现，一旦外界的压力消除，这些好行为就很难维持。

要想让教育有持久的效果，让孩子有发自内心的行动，父母就需要用情感让孩子“信”，用理性让孩子“服”，这两者缺一不可。

3. 平衡长善与救失

“赐以优言，问所好尚，励短引长，莫不恳笃。”

——颜之推《颜氏家训·序致》

在颜之推看来，孩子最亲近的人是身边的保姆、仆人。在现代社会，因为父母工作繁重，社会竞争压力加大，常伴在孩子左右的是祖辈。祖辈一般不会像年轻的父母那样急躁，他们能够心平气和地和孩子交流，等待孩子的各方面能力的进步。因此，很多孩子愿意和祖辈在一起，在那里他们能够感受到老人无条件的爱。“隔代亲”很好地描述了祖孙之间的这种情感关系状态。

父母作为教导者，对子女的教导和影响不像老人那么“亲”，也不能像学校教师那样让孩子“服”。这就让他们在抚养与教导孩子时面临较大的挑战。

现代父母在扮演平等教育者角色时和古代父母是一样的，要想取得良好的教育效果，都需要诚恳的态度和鼓励的话语。

多说鼓励的话。对孩子的教育要用“优言”，“优言”就是好话、好听的话。任何人都喜欢被鼓励，圣贤、布衣概莫能外。父母在和孩子沟通时，要想取得良好的教育效果，首先需要避免让孩子产生抵触情绪，这样他才能听进去，教育才可能发生，否则，如果沟通方式不当，让孩子感到压力或产生反感，再好的教育可能也不容易达到期待的效果。

多问孩子的喜好与兴趣。孩子各有各的不同，父母需要多关注他们的特征、喜好与理想，否则他们有可能会感到压抑。如果达不到父母与自己的心理预期，他们就会产生挫败感。试想一下，我们将来的社会如果都是由一群始终拥有失败者心态的劳动者来建设，那将是多么可怕的事。

现代社会的孩子需要在完成学校基本学业的基础上，争取在喜好上多下功夫，根据自身特征，形成属于自己的特长，成为独特的自己。父母在面对孩子的学业和升学竞争时需要时刻保持清醒的意识，千万不能将精力都集中在学校部分学科上，否则“一叶障目，不见泰山”，从而导致孩子的片面发展。

鼓励孩子扬长补短。对于孩子的长处，父母要多鼓励、多引导，让它成为特色；对于孩子的不足，特别是行为、人格和道德上的不足，父母不能回避，一定要“励”，要激励、鼓励、磨砺。千万不能认为“一长遮百短”，否则可能会让孩子未来成为一个个性有严重缺陷的人。

有对长处的引导就应该有对短处的激励，让这些短处得到克服，或者得到改变。有人认为，只要避开短处就可以了，这其实是片面的。在教育问题上，孩子的很多短处不是天生的，不是不可改变的，他们的很多短处是需要补救的。《礼记・学记》中提到：“教也者，长善而救其失者也。”“救失”“补短”和颜之推所说的“励短”是一个意思。教育使人更加完善，这是教育的基本目标。

真诚恳切的情感。无论是鼓励长处还是磨砺短处，父母真诚的态度与情感投入永远是其教育角色扮演的基调，或者说是情感基础。对孩子成长而言，任何讽刺、挖苦、嘲笑或者打击都意味着父母扮演教育角色的失败。

为什么真诚恳切如此重要？因为教育需要改变的是一个人的内在认识与价值，被教育者发自内心地接受与改变就成为教育成功的关键。如果孩子发现父母对他们的教育夹带私心，那么他们就会怀疑教育者说话的立场与目的。

我曾到一所幼儿园去开讲座，听课的一位妈妈说她不是一位合格的母亲，原因是她急起来会打自己的女儿。听到这样的描述，我的第一反应也是不应该对孩子施以暴力。但是，出于教育敏感，我多问了一句：“你的爸妈打你吗？”

“打，当然会打。”

“你会恨他们吗？”

“会，现在还恨。”

“为什么？”

“因为我是女孩，他们重男轻女，所以常常打我出气。”

“你现在打你家的孩子也是因为重男轻女吗？”

“不是，是她做错事了，屡教不改。打完，我会和她聊，她也懂。”

“你感觉你的孩子恨你吗？”

“感觉不恨，聊完，讲完道理，孩子还会抱抱我。”

我想，这就是差别，虽然都是用不文明的方式教育孩子，都不应该被提倡，但是他们的情感出发点却不相同：这位妈妈的父母不是因为爱，不是因为要帮助自己的孩子，而是重男轻女心理的扭曲表达；而这位妈妈是因为孩子做错事，需要被教导，因此对孩子造成的心理伤害少了很多。

在人的关系上，真诚无敌；在教育孩子的过程中，诚恳超越一切技术。

4. 平衡读书与经验

“慈兄鞠养，苦辛备至；有仁无威，导示不切。……肆欲轻言，不修边幅……自怜无教，以至于斯。追思平昔之指，铭肌镂骨，非徒古书之诫，经目过耳也。”

——颜之推《颜氏家训·序致》

颜之推自幼父母双亡，他由哥哥悉心照顾培养成人。在这个过程中，哥哥温暖仁慈，辛苦异常。但从教育的角度看，代替父母行使教育权的哥哥似乎缺了点什么，用颜之推的语言是“有仁无威”，即仁有余，威不足，这一点为现代家庭教育带来很多启示。其中，我认为最重要的应该是让孩子有更多体验，没有体验的教育很难触动孩子内心世界。由于家庭变故，颜之推小时候接受的教育是不完整的，但他是幸运的。幸运之一是他生活在动乱时代却没有失去生命，几次都能侥幸脱身；幸运之二是这些苦难经历让他能够“铭肌镂骨”，从而能够“追思”，也就是反思。这是一个人生命状态的升华，是通过读书与人生阅历的相互作用，从而实现对所谓“原生家庭”的超越。

仁威平衡。“仁”可以理解为仁慈、仁爱，这是儒家文化大力倡导的理念，引申在家庭教育中就是强调要多宽容鼓励，多支持引导。这可能不难理解，也符合现代人本主义哲学与教育学的理念。

但是，“仁”很容易被家长与教师片面地理解为消极等待孩子自觉与自省，其实，心智不成熟的孩子并不像我们理论设想的那么“美好”，他们总是会任性，常常恣意行事。这时就需要父母利用“威”，及时制止孩子的顽劣行为，否则教育就会失衡，孩子就会在理性能力不足的阶段犯下无法弥补的过错，错过关键阶段的成长，而一路走下坡路。能够像颜之推这样幸运的人并不多，有些人终生都没有机会走出一片新天地，有些人甚至走上人生的绝路。

作为孩子监护人的父母，对孩子的行为必须有一定的引导力，因为仅靠说教和宽容等待而不加以严格训练或练习，孩子是养成不了好习惯与自制力的。

落实到位。父母只是一味地教导、示范，而不认真落实到孩子的行为中，其结果只能是孩子能说会道，什么都懂，但是无法体现在行动中，就会出现颜之推所反思的不注意自己的言行举止，只是一味地随性放肆，落得和“野人”一般。

著名教育家陶行知早年曾用名“陶知行”，后来为了强调“行”的重要性，将“行”提前，以体现自己的思想变化。因此，教育要强调行动，强调落实。

“导示不切”，这是颜之推对兄长教导的反思。现代人可能会说，兄长没有教育他的义务，他们更多的是朋友关系，不应该是教育关系。这其实是对古代家庭伦理缺乏了解，古代封建社会的家庭伦理中，有“父不在，长兄为父”一说，意思是如果父亲去世了，那么长兄就要代行父亲的职责。

这也就是我不完全赞同父母与孩子成为“朋友”的原因所在。朋友，是和你平等的人，他有劝导你的权利或者责任，但是他没有一定要改变你的义务，当话说到一定的份上，他就只能到此为止了。而父母有指导与改变孩子的责任，做父母的不能放弃这样的责任，不能说“我已经说过了，尽到责任了，余下的就靠你的造化了”，这是不负责任的教育思维，也是不被鼓励的教育方式。

看书不能代替体验。颜之推着重强调了父母教育孩子时，不能仅仅要求孩子读读、背背古圣先贤的书，因为这样只是“经目过耳”而已，并不能让孩子拥有真切的体验。

现在很多父母不敢或者不愿意在孩子身上下功夫，只是希望孩子背背《弟子规》或者四书五经，就指望孩子能够有我们所期待的圣贤行为，这不仅是对孩子成长规律的误解，也是对父母教育角色的误解。

带着孩子实践你所认同的理念，一点点落实到位，这是父母教育角色扮演的重点，父母不能用口头教导或者学校教育代替家庭生活训练。

我不是反对读书，更不是反对口头教导。看书，背诵经典，听父母的教导，这些都是基础的教育方式，也是能产生长远教育效果的教育方法。我们都有这样的经验：父母说的话，我们当时可能反感；小时候背的经典，可能当时并不理解，但是随着岁月的沉淀，我们会自觉不自觉地根据父母的教导、经典所阐述的道理行事。

这里所说的“岁月的沉淀”主要指的是生活体验，如果没有丰富的生活经历，就不会有“沉淀”，就不会有颜之推所说的“经目过耳”的经验所带来的身心的感受与触动，也就很难产生深层反思。

二、“教子”篇

【原文】

上智不教而成，下愚虽教无益，中庸之人，不教不知也。古者，圣王有胎教之法：怀子三月，出居别宫，目不邪视，耳不妄听，音声滋味，以礼节之。书之玉版[一]，藏诸金匮[二]。生子咳**[三]，师保[四]固明孝仁礼义，导习之矣。凡庶纵不能尔，当及婴稚，识人颜色，知人喜怒，便加教诲，使为则为，使止则止。比及数岁，可省笞罚[五]。

父母威严而有慈，则子女畏慎而生孝矣。吾见世间，无教而有爱，每不能然；饮食运为，恣[六]其所欲，宜诫翻奖，应诃[七]反笑，至有识知，谓法当尔。骄慢已习，方复制之，捶挞[八]至死而无威，忿怒日隆而增怨，逮[九]于成长，终为败德。孔子云“少成若天性，习惯如自然”是也。俗谚曰：“教妇初来，教儿婴孩。”诚哉斯语！

【注释】

（一）玉版：亦作“玉板”。古代用以刻字的玉片，泛指珍贵的典籍。

（二）金匮：铜制的柜，古时用以收藏文献或文物。匮，亦有版本作“柜”。

（三）咳嘍：小儿啼哭、笑闹。

（四）师保：古时辅弼帝王和教导王室子弟的官，有师有保，“师”，负责伦理道德说教；“保”，负责礼仪规范的指导，统称“师保”。后泛指老师或教养。

（五）笞罚：用鞭、杖或竹板打。

（六）恣：zì，放纵，没有拘束。

（七）诃：hē，大言而怒也。

（八）捶挞：捶，棒打；挞，用鞭子或棍子打。

（九）逮：到，及。

【今解】

5. 平衡教导与训练

“古者，圣王有胎教之法：怀子三月，出居别宫，目不邪视，耳不妄听，音声滋味，以礼节之……生子咳嘍，师保固明孝仁礼义，导习之矣。凡庶纵不能尔，当及婴稚，识人颜色，知人喜怒，便加教诲，使为则为，使止则止。比及数岁，可省笞罚。”

——颜之推《颜氏家训·教子》

父母什么时候该主动扮演教育者角色呢？

首先，父母是相对孩子而存在的角色，没有孩子的人就不能被称为父母，因此年轻夫妇在生孩子前做的优生准备，如锻炼身体、戒烟戒酒等，不能称为扮演父母的角色，而只能称为有责任感的青年人的自律行为。

孩子在胎儿时期，父母所做的对孩子的影响和有意识的教育行为可以称为胎教。

孩子出生后，父母与孩子的互动更为直接。从《颜氏家训》中我们得知，古时候，在帝王家，当孩子还在襁褓中，就开始接受教导、训练。现在我们不能准确知晓帝王家是如何对孩子进行0~3岁的早期教育启蒙的，但是“导习”二字透露了两个主要方法：一是“导”，也就是教导，对孩子提出语言或者行动上的要求；二是“习”，也就是操练、练习的意思，不能只是提要求而不时时督促练习，也就是现代很多父母感慨的“我说了，他不听，不按照要求做”，这时需要的就是坚决要求孩子做到，重复练习，以养成习惯。

颜之推还提出了老百姓教导孩子的具体做法——“使为则为，使止则止”。可能现在很多人对“使”和“则”有反感的情绪，认为这对孩子不公平或者没有尊重孩子的意愿。

我认为，早期教育需要给孩子自由探索的机会，只要不牵涉安全问题或者不影响别人，就不要“使为”或“使止”，而应该让孩子专注于自己的事情。但是，如果孩子的行为已经影响别人，如在公共场合嬉闹，父母就不能纵容，要么及时将孩子带离公共场合，要么及时制止孩子的行为。经过多次的练习，孩子会懂得在不同的场合做不同的行为，也不至于在日后因任性被“笞罚”。

因此，教导孩子的行为越早越好，落实越坚决越好。这样，“比及数岁，可省笞罚”，即长大一些后就可以不用“打”的方式惩罚孩子了，这是将“省”理解成“省去”；如果将“省”理解成“省悟”“反省”，则可以说成长到一定的岁数就可以用“打”的方式让他反省了。无论哪种理解都说明颜之推对父母及早扮演教育者角色的重视。

6. 平衡起点与转折点

“教妇初来，教儿婴孩。”

——颜之推《颜氏家训·教子》

开始，意味着一切都是新的，新的环境，新的要求，新的规则……一元复始，万象更新，表达的就是这个道理。我们在冰雪消融、春暖花开的时候，对新的一年寄予希望。

环境如此，人的发展也是如此。

孩子的发展与学业是分阶段的，通过不断地进阶，他们能够感受到自己的成长。

除了重视一开始的教导，家长还要善于利用每个阶段之间的转折期，促进孩子成长。每次转折都是新的开始，颜之推以“新妇”打比方，告诫子孙：教导孩子一开始就要做对，不能养成不良的习惯，否则日后纠正起来就很困难。这个道理其实不难懂，只是大多数家长因为对孩子的爱而心生怜惜，不忍对孩子施以严格的教导，从而耽误了孩子的健康成长。

成长的转折期都有新的任务与新的挑战，把握好转折点有助于把握好下一个阶段。转折期有几个注意事项：

与过去告别。这是每个人都有的心态，新的开始就意味着可以和过去很多不良习惯告别，老百姓说的“新鲜感”就是这个道理，少则几天，多则十几天，父母只要肯与过去告别，坚持帮助孩子，孩子就可以有新的气象。

新的要求。在转折期，父母可以提出新的要求，如孩子上学了，可要求其独立睡觉；孩子十岁时，可要求其分担一些家务等。

新的坚持。有了与过去告别，就会有新的开始，但是这样的新鲜感会很快消失，因此，对父母和孩子来说，最大的挑战就是坚持。

一切的成长都需要坚持，利用好转折期，坚持调整亲子关系，坚持落实新的要求，那么，“新”的孩子和“新”的父母就会在每天的行动中诞生。

转折期是上一个阶段的结束、下一个阶段的开始，教育孩子要以终为始，重视每个转折阶段的教育机会，做到始终如一，不断成长。

7. 平衡威严与仁慈

“父母威严而有慈，则子女畏慎而生孝矣。吾见世间，无教而有爱，每不能然；饮食运为，恣其所欲，宜诫翻奖，应诃反笑，至有识知，谓法当尔。”

——颜之推《颜氏家训 · 教子》

慈为先。父母对孩子有爱，似乎看起来不难，因为亲子之爱具有本能性，是通过血缘关系维系的，但也不是所有的父母都会按照本能爱孩子。

人类社会是复杂的，真实生活中很多人不是自然地爱着孩子，而是受各种因素的影响做着取舍和侧重。如在重男轻女的社会文化中，父母对女孩的关注与爱往往会不够，甚至还会出现虐待或遗弃女孩的现象。在夫妇双方都是独生子女的小家庭中，不少夫妇生二孩是为了平衡两个大家庭的利益与名分，在孩子身上掺杂了太多的利益纠葛，甚至还有因为家庭矛盾迁怒于孩子的情况，这都不能算对孩子有爱。

爱，是亲子关系的基础；慈，是孩子感受到的亲人之爱。慈爱让父母的教育者角色变得丰满。

严为济。亲子之爱是本能的，它可以没有目的，就像河流自然流淌，但是爱并不能称为教育，它只是教育的基础。有意识的家庭教育和父母教育者角色的扮演，还需要根据一定的目标对孩子的言行甚至观念进行影响。

父母需要对孩子严格，不是忽视孩子自我觉醒的力量，而是孩子的觉醒需要时间，而且每个孩子的成长发展所拥有的时间是有限的，一个阶段的成长任务完成不了，就会影响下一个阶段的发展，所以僵化地理解和理想化地遵循人本主义的观点是不妥当的，适当的行为主义的要求与训练对孩子的发展是有必要的。

人类自从在这个星球上诞生以来，就不仅仅生活在阳光雨露和烂漫鲜花中，人类在进化的过程中常与危机、危险相伴，恐惧、谨慎对人类生存的价值和温暖、安宁一样重要。

家庭是个体社会化的第一课堂，父母作为孩子的首任“教师”，承担着引导孩子学习某种社会文明，成为社会人的重要使命。威严在这个过程中让父母的教育者角色变得更有力量。

无论孩子年龄大小，在他做得不对的时候，父母都应该及时指出，并坚持严格要求，等孩子到了拥有明确的自我意识的年龄后，他会感到一切都是应当的、自然的。

8. 平衡习惯与纠偏

“骄慢已习，方复制之，捶挞至死而无威，忿怒日隆而增怨，逮于成长，终为败德。”

——颜之推《颜氏家训·教子》

父母是相对孩子而存在的角色。因为有了孩子，一对青年男女才拥有了父母的角色。孩子每天都在成长变化，那么父母的角色也应该顺应着孩子的成长发生相应的变化，否则就会出现不匹配、不平衡的状况。

在孩子的不同年龄阶段，父母扮演的教育者角色不同：在婴儿阶段，主要给孩子奠基一生的安全感；在幼儿阶段，就需要对孩子的行为进行规范并形成相对良性的亲子互动，促使孩子形成恰当的社会可接受的行为；在小学阶段，继续上两个阶段的亲子关系建设，同时要注意对孩子学习意识以及完成任务习惯的训练，此时，父母对孩子的权威性要相对稳定地建立起来，这样，到了青春成长期，孩子就能在过往养成的自控力和良好习惯的基础上把握自我，走出家门，脱离父母怀抱去探索新的自我和新的世界。

如果孩子在童年阶段缺乏父母的规训，养成了散漫的行为习惯，那么，他会在日后的生活中不断地重复这样的行为，那时父母对孩子的教育引导将难上加难。难就难在习惯成自然，再加上自我意识发展，孩子不愿接受新的改变，把外界的提醒当成对他的否定和指责，从而抵触和反抗。

难，当然不是无解，但那时需要付出的心血和智慧非常人能承担，大部分父母正如颜之推所言，只会“捶挞”和“忿怒”，希望通过强力扭转，可孩子已经长大，外力已经无能为力。父母只能放弃，然后让社会去教育孩子了。

这就是父母在不同阶段没能恰当地扮演应有的教育者角色所带来的后果，所有“新手”父母都要足够警醒。

【原文】

凡人不能教子女者，亦非欲陷其罪恶；但重于诃怒，伤其颜色，不忍楚挞惨其肌肤耳。当以疾病为谕，安得不用汤药针艾救之哉？又宜思勤督训者，可愿苛虐于骨肉乎？诚不得已也。

王大司马(一)母魏夫人，性甚严正。王在湓城时，为三千人将，年逾四十，少不如意，犹捶挞之，故能成其勋业。梁元帝时，有一学士，聪敏有才，为父所宠，失于教义。一言之是，遍于行路，终年誉之；一行之非，掩(二)藏文饰，冀(三)其自改。年登婚宦(四)，暴慢(五)日滋，竟以言语不择，为周逖(六)抽肠(七)衅鼓(八)云。

【注释】

（一）王大司马：指南北朝时南梁名将王僧辩。

（二）掩：遮蔽，掩盖。

（三）冀：希望。

（四）婚宦：结婚与做官。这里指成年。

（五）暴慢：残暴，傲慢。

（六）周逖：《陈书》说他是一位“强暴无信义”的人。

（七）抽肠：古代一种酷刑。

（八）衅鼓：原指古代一种祭礼，杀牲以血涂在鼓上。这里和上面的“抽肠”都指被父母纵容坏了的书生不能做到谨言慎行，以致被人以酷刑杀死。颜之推以此警示后人，在孩子小时候就要对他们的言行严加管教。

【今解】

9. 平衡宠爱与严管

> “凡人不能教子女者，亦非欲陷其罪恶；但重于诃怒，伤其颜色，不忍楚挞惨其肌肤耳。当以疾病为谕，安得不用汤药针艾救之哉？又宜思勤督训者，可愿苛虐于骨肉乎？诚不得已也。”
>
> ——颜之推《颜氏家训·教子》

“我是你爸妈，我对你做的一切都是为你好，不会害你。”这是很多父母经常对孩子说的话。

宠溺或者捶挞，在颜之推这里都是被理解的。宠溺可能会害了孩子，但是从动机上看，父母宠孩子并不是为了害孩子。同样，对孩子严加管教也不是为了要虐待孩子。这两层意思，颜氏都给予了客观的分析。

而在现实家庭教育中，父母对孩子的宠爱确实很多时候出于本能，出于对孩子的爱，舍不得对孩子进行管束，看不得孩子情绪不愉快，更见不得孩子的眼泪。在婴儿期，孩子一哭，父母就要去安抚；孩子长大后，情绪和眼泪变得越来越复杂，不加分辨的父母很容易倾向于简单地满足和抚慰孩子，而缺乏引导和管束。

在颜之推这里，父母对孩子呵责甚至鞭挞都是出于对孩子的爱，所谓“良药苦口利于病”，是不得已而为之。这样的说法有一定的道理，父母确实应该在孩子任性且无正当理由挑战权威时要给予坚定的引导，但是父母也要时刻警醒自己对孩子训导的出发点是什么。

很多时候，父母对孩子的言行并不是教育，而是宣泄，是将自己生活的不如意发泄到弱小的没有反抗能力的孩子身上。颜之推在这里用“药”来打比方，药用得恰当确实医病救人，但是“是药三分毒”，药在治病救人时也在某种程度上伤害着人体，鞭挞作为一种传统的教育方式，父母在使用时需要慎之又慎，否则其结果与溺爱殊途同归。

10. 平衡阶段与终生

> “王大司马母魏夫人，性甚严正。王在湓城时，为三千人将，年逾四十，少不如意，犹捶挞之，故能成其勋业。梁元帝时，有一学士，聪敏有才，为父所宠，失于教义。一言之是，遍于行路，终年誉之……年登婚宦，暴慢日滋，竟以言语不择，为周逖抽肠衅鼓云。”
>
> ——颜之推《颜氏家训 · 教子》

颜之推在这里举了两个例子，一个是梁朝大司马王僧辩的母亲在儿子四十多岁时还会对他严加管教，终使儿子成其功业；另一个是梁元帝时期的一个聪敏的孩子，因为父亲对他过分宠溺，总是到处宣传孩子的成绩，孩子由此滋生了凶暴傲慢的习气，最终被另一个更残暴的人施以酷刑致死。

这两个例子都有那个时代对人理解的局限性，现代的父母可能会更加不赞同魏夫人的做法，认为她的儿子虽然成才了，但是她的教育方式太简单粗暴，不利于孩子健全人格的发展。我们在教育过程中甚至可能更欣赏第二个例子中不断“鼓励”孩子的父亲，觉得他能够满足孩子的心理需要，不会伤害孩子的自尊，或者认为孩子在文明的社会，即使个性张扬一点也没什么。

这两个例子都是个案，孩子的成功和招来杀身之祸不能简单归因为父母的某种教养方式，但其中所蕴藏的“严格”与“纵容”的辩证关系是不容忽视的。

从两个例子中我们可以发现：父母的教育者角色贯穿亲子关系的始终。然而，是不是孩子成年了还需要对其身体“捶挞”？在现代社会是不是可以选择更为文明和平等的方式？这些都是可以考虑的。孩子在不同的人生阶段有着不同的发展任务，即使孩子已经成年，对人生有了更好的理解与把握，但是相对于父母丰富的阅历而言，他们还是需要一些合理化建议的。教育孩子没有有效期，在子女成长的不同阶段，父母都要注意规劝孩子，以免他们在不同的人生阶段出现“滑铁卢”。

11. 平衡教导与自改

“一行之非，掩藏文饰，冀其自改。”

——颜之推《颜氏家训·教子》

颜之推在谈论父母教育者角色扮演的终身性时，提到梁元帝时期的那位父亲对孩子的宠爱，具体表现为两点：一是孩子有一点成绩，父亲就到处宣讲，就像现在很多学习不错的孩子，出了点成绩，或者考上了好一点的学校，父母就到处宣扬，达到“一言之是，遍于行路，终年誉之”；二是孩子有了不足或缺点，父亲就藏着掖着，不让人知道，或者帮着掩饰、搪塞，就像现在的一些孩子在外面犯了错，父母不是自己冲在前面帮着解决，就是为孩子开脱，甚至还有两方父母为了孩子大打出手的。

这里我主要想说的是父母教育孩子时的心理期待，很多时候我们只是希望孩子能够自我觉醒，“冀其自改”，这看起来符合孩子的成长规律，也符合我们对教育对象的尊重原则。确实，一个人一旦自我觉醒，其力量相当大。然而，自我教育尽管很美好，但是觉醒和“自改”不会必然实现，也不会自然来到，其发生的偶然性太大，且受一个人个性和所处独特环境影响很大。

因此，教育孩子时，我们向往最美好的自我教育的觉醒状态，并主动促成其变成现实。同时，我们也应该在孩子还没有达到“自改”的状态时不放弃，不消极等待，主动出击，鼓励并敦促孩子发生改变。

这才是父母教育者角色的要义，否则，我们就是孩子的“普通朋友”——“我说过了，你听不听我也不强求”。这不是教育者的角色，这只是平行的伙伴角色。父母要主动行动，积极等待，创造条件让孩子获得成长，在孩子还不能很好地把握自己时，父母还需要利用自身的权威让孩子掌握这个阶段应有的知识与行为规范。

【原文】

父子之严，不可以狎(一)；骨肉之爱，不可以简。简则慈孝不接，狎则怠慢生焉。由命士以上，父子异宫，此不狎之道也；抑搔痒痛，悬衾箧枕(二)，此不简之教也。或问曰：“陈亢喜闻君子之远其子，何谓也？”对曰：“有是也。盖君子之不亲教其子也。诗有讽刺之辞，礼有嫌疑之诫，书有悖乱之事，春秋有邪僻(三)之讥，易有备物之象：皆非父子之可通言，故不亲授耳。”

【注释】

（一）狎：xiá，亲昵而不庄重。

（二）悬衾箧枕：衾，qīn，被子；箧，qiè，小箱子。指子女帮父母把被子悬挂起来，把枕头放到小箱子里，和前面的“抑搔痒痛”（帮助父母挠痒痒、按摩），都是指对父母恭敬、服侍父母的意思。

（三）邪僻：邪，邪恶，不正当；僻，性情古怪，跟一般人合不来。指乖戾不正。

【今解】

12. 平衡亲近与庄重

“父子之严，不可以狎……狎则怠慢生焉。”

——颜之推《颜氏家训・教子》

父母与孩子是亲近的，他们生活在一起，肌肤相亲，情意相通，这样的特殊关系对父母扮演教育者角色是一种挑战。

心理健康主要考验一个人心理的灵活性和平衡能力，父母要扮演好教育者角色，必须灵活地转换角色，他们需要在孩子面前扮演陪伴者和教导者的角色，且要根据具体情况及时转换角色——或者选择其中一种角色，或者同时具备两种角色。

教导一个人需要具备一定的威信，而威信又需要建立在“威严庄重”的基础上，“子曰：‘君子不重则不威，学则不固。主忠信。无友不如己者。过则勿惮改。’”这里孔子就强调了学习需要有庄重感，因此，教育应该建立在教育者有威信的基础上，否则孩子不仅不尊重教育者，也不会认同与落实教育者所传授的道理。所以，父母需要在亲近与威信之间取得平衡。

亲近是亲子关系的基础，没有亲近就不能发挥情感在教育中的优势。亲近但不能不庄重，在宣扬亲子之间应当是朋友关系的今天，很多父母与孩子之间已经没有了界限，更有甚者，孩子对父母连起码的尊重都没有，他们玩在一起，打打闹闹，不仅没有庄重感，父母在该管束的时候也没有了约束力和权威性。

因此，对父母而言，要扮演好教育者角色就要在和孩子亲近时注意孩子的言行，在孩子言行失控时随时提醒孩子，同时在教导孩子时能够不失对孩子的爱与亲近，不让孩子产生疏远感。

13. 平衡轻松与礼仪

“骨肉之爱，不可以简。简则慈孝不接……”

——颜之推《颜氏家训·教子》

“一家人，不用客气。”“太客气了，反而生分。”这些是对比较讲礼貌的家人的谦让说法。确实，一家人，低头不见抬头见，如果总是那么客客气气，处处讲礼仪，会让人感到压力。因为，在我们的心目中，家应该是放松的地方，在外面已经有各种规范让人倍感压力，到了家中就不需要时时小心翼翼，应该可以“放肆”一点，可以少一些礼节规范，这不会破坏大家的感情，也不会伤害彼此的关系。

或者说，因为信任才不要繁文缛节。我们的体会是，和贴心的“闺密”与“哥们”在一起时不紧张，甚至用的语言都是最放松和最不客气的，越这样，越贴心。

但是，在家庭中还不能完全套用这样的相处方式，因为父母需要将社会规范和社会价值通过家庭生活传递给孩子，亲子关系也要遵守一定的社会礼节。

在颜之推生活的古代儒家社会里，家庭关系中的“孝”和国家管理层面的“忠”是一体的，培养孝顺父母的孩子就是培养未来国家的忠臣良民。

在现代社会，我们不再把“孝”和孩子对社会的贡献挂钩，而是从个体性格完善与家庭内部幸福角度来考察这个问题。

首先，从个体性格完善的角度来看，一个人在家庭中修养性格、训练人际交往习惯，然后把这样的习惯带到社会上，成为一个有修养的社会人。如在家庭中习惯使用敬语“请，谢谢，对不起”等，早起对家人问“早上好”，晚上说“晚安”等。

其次，从家庭幸福氛围的角度来看，在失去了伦理规范的家庭中，人们常把个性中最美好的一面留给外人，把最不好的一面留给家人。一个人偶尔失态、失礼，家人会包容他，但是失态、失礼的行为一旦成为常态，家庭就会出现“情感亏空”的现象，甚至导致家庭关系危机。

因此，为了培养孩子的良好习惯和性格，为了家庭幸福地运转，我们需要在家庭中注重礼仪，也要用一定的方式时时体现自己对孩子以及其他家人的爱。

14. 平衡亲授与他教

> “盖君子之不亲教其子也。《诗》有讽刺之辞，《礼》有嫌疑之诫，《书》有悖乱之事，《春秋》有邪僻之讥，《易》有备物之象：皆非父子之可通言，故不亲授耳。”
>
> ——颜之推《颜氏家训·教子》

颜之推这里所论述的是父母在教育孩子时应做到“有所不为”。在现代人的认知中，只要父母会的、懂的，都可以和孩子讨论，都是可以教给孩子的，没有什么不可以和不合适，只有不会教的，没有不能教的。

能不能教？这和亲子关系的定位有一定的关系，如果我们认为亲子之间需要保持一定的距离以制造父母的威信，那么除了技术层面的手艺或者一些简单的识字等可以由家人教授，其他涉及人生道理的学问都不是亲子之间可以畅通无阻地交流的内容。

父母不可以和孩子直接讲的内容，是不是孩子不需要知道呢？不是，有些内容是孩子知道的，但父母不能当面点破了；有些内容父母可以和某些人交流，但对孩子说就会尴尬；有些内容在某些场合可以说，在其他场合就不适合说，如在公共场合就不合适谈隐私性的话题，否则就是对别人的不敬。一些专业工作者建议父母给孩子开展性教育，其实这也是需要有所区分的，有一些内容可以由父母引导，如性生理卫生等；有一些内容则需要由公共机构（如医院、学校等）以客观知识的方式传播，等等。

越是平等文明的社会，亲子间不可教的内容越少，平等关系越明显，讨论问题的边界也在扩大。但家长们也要适当考虑有哪些内容比较适合父母教导，哪些内容不适合父母教导。

【原文】

齐武成帝子琅邪王，太子母弟也，生而聪慧，帝及后并笃爱之，衣服饮食，与东宫相准。帝每面称之曰："此黠（一）儿也，当有所成。"及太子即位，王居别宫，礼数优僭（二），不与诸王等。太后犹谓不足，常以为言。年十许岁，骄恣（三）无节，器服玩好，必拟乘舆（四）；尝朝南殿，见典御进新冰，钩盾献早李，还索不得，遂大怒，诟（五）曰："至尊已有，我何意无？"不知分齐，率皆如此。识者多有叔段、州吁（六）之讥。后嫌宰相，遂矫诏斩之，又惧有救，乃勒麾下军士，防守殿门；既无反心，受劳（七）而罢，后竟坐此幽薨（八）。

人之爱子，罕亦能均；自古及今，此弊多矣。贤俊者自可赏爱，顽鲁（九）者亦当矜怜（十）。有偏宠者，虽欲以厚之，更所以祸之。共叔之死，母实为之；赵王之戮，父实使之。刘表之倾宗覆族，袁绍之地裂兵亡，可为灵龟明鉴也。

齐朝有一士大夫，尝谓吾曰："我有一儿，年已十七，颇晓书疏，教其鲜卑语及弹琵琶，稍欲通解，以此伏事公卿，无不宠爱，亦要事也。"吾时俛（十一）而不答。异哉，此人之教子也！若由此业，自致卿相，亦不愿汝曹（十二）为之。

【注释】

（一）黠：xiá，聪明，狡猾。

（二）优僭：yōu jiàn，超越本分。

（三）骄恣：jiāo zì，骄傲放纵。

（四）乘舆：shèng yú，古代特指天子和诸侯所乘坐的车子；泛指皇帝用的器物。这里指帝王。

（五）诟：gòu，古同"诟"，指辱骂。

（六）叔段、州吁：叔段，春秋时期郑国人，郑武公少子，郑庄公同母弟，母武姜。因郑庄公（寤生）是难产而生，叔段是顺产而生，所以其母武姜非常钟爱叔段，被百般宠爱的叔段在武姜帮助下谋划作乱，郑庄公提前知悉，派兵攻打并击败叔段，叔段逃到共地，故称共叔段，后终死在他国。《郑伯克段于鄢》讲的就是这段历史。

州吁，春秋时期卫国人，卫庄公之子，卫桓公异母弟。州吁从小受父亲卫庄公宠爱，爱好军事，卫桓公继位后，州吁骄横奢侈，被罢免其职务，州吁出国逃亡，后弑杀卫桓公自立，史称卫前废公，成为春秋时期第一位弑君篡位成功的公子。他曾和同样出逃的共叔段联合，篡位后联合几个国家帮共叔段攻打郑国，未果。后被大臣石碏所杀，同时，石碏还将拥戴州吁的儿子石厚杀死，大义灭亲。

前者叔段被母亲宠坏，后者州吁被父亲宠坏。颜之推用在这里类比齐武成帝子琅邪王高俨。当然，历史上也有另一种说法，高俨年少勇武，这让作为皇帝的哥哥高纬感到不安，于是设计将其诛杀。

（七）劳：用言语或实物慰问。这里是指高俨被劝，安抚后罢兵。

（八）幽薨：yōu hōng，被秘密处死。

（九）顽鲁：wán lǔ，意思是顽劣愚钝。

（十）矜怜：jīn lián，怜悯。

（十一）俛：fǔ，古同“俯”，屈身，低头。

（十二）汝曹：你们。

【今解】

15. 平衡偏爱与平等

> “人之爱子，罕亦能均；自古及今，此弊多矣。贤俊者自可赏爱，顽鲁者亦当矜怜。有偏宠者，虽欲以厚之，更所以祸之。”
>
> ——颜之推《颜氏家训·教子》

在古代家庭，特别是诸侯、士大夫阶层的家庭，兄弟姊妹之间的伦理关系是比较清晰的，长兄的地位往往最高，形成了“兄友弟恭”“长兄为父”的伦理文化。

即使这样的伦理关系和文化也不可避免人性中的喜好，正如颜之推所言，人们都不由自主地喜欢“贤俊者”，对“顽鲁者”避而远之。这是人们趋利避害心理的正常表现，父母也不例外，自古多少家庭因为父母不能一碗水端平，弄得鸡飞狗跳，甚至血雨腥风。

当今家庭，子女为了争取父母的爱、父母的支持、父母的财产等，闹得不可开交是常有的事情；因为父母的偏爱，兄弟反目成仇，甚至不能正常赡养父母的案例也是层出不穷。

因此，在多子女的家庭中，父母要时刻警醒自己在子女面前扮演角色的公平性。父母在克制自己情感偏好后，还要注意在现代家庭的兄弟姐妹间树立平等相容、互助友爱的家风。

16. 平衡成功与价值

“齐朝有一士大夫，尝谓吾曰：‘我有一儿，年已十七，颇晓书疏，教其鲜卑语及弹琵琶，稍欲通解，以此伏事公卿，无不宠爱，亦要事也。’吾时俛而不答。异哉，此人之教子也！若由此业，自致卿相，亦不愿汝曹为之。”

——颜之推《颜氏家训·教子》

这是“教子”篇的最后一段，颜之推借一段对话陈述了自己对教育孩子的重要思考——把孩子培养成什么样的人？孩子的成功到底是什么样的？

这段对话的时代背景是北齐，这位士大夫告诉颜之推，他认为培养孩子最重要的是在孩子有些学问的基础上，教会孩子鲜卑语和弹琵琶，以此取悦皇亲贵族，让他们喜爱，这样孩子才能获得成功。

颜之推做了两个动作——“俛”和“不答”，也就是低头不语，然后心里嘀咕开了：“奇了怪了，这也算教育孩子？如果真这样，即使你们做了一人之下万人之上的宰相，我也不愿你们这么做。”

我认为，这是教子最关键的要素，即价值观的传递，也就是家风的传承。这一点在现代的家庭教育中亦不过时，同样需要所有父母警醒。

日常生活中，我常常看到父母们讨论最多的就是如何让孩子多获得证书，如何走捷径以获得成功，如何让孩子成为焦点，等等。这本无可厚非，但是要注意的是，父母这样的行为会给孩子埋下急功近利的种子，从而丧失了一个人成长最重要的要素——灵魂独立。

在教育孩子的过程中，我们是给孩子的成长设置了“天花板”，还是给孩子的发展提供了源源不断的动力？这些都取决于我们给了孩子什么样的价值取向。

愿所有父母时刻警醒，为孩子指引能够让他们受用一生的核心价值。

三、“兄弟”篇

【原文】

夫有人民而后有夫妇，有夫妇而后有父子，有父子而后有兄弟：一家之亲，此三而已矣。自兹以往，至于九族，皆本于三亲焉，故于人伦为重者也，不可不笃。兄弟者，分形连气之人也。方其幼也，父母左提右挈(一)，前襟后裾(二)，食则同案，衣则传服，学则连业，游则共方，虽有悖乱之人，不能不相爱也。及其壮也，各妻其妻，各子其子，虽有笃厚之人，不能不少衰也。娣姒(三)之比兄弟，则疏薄矣；今使疏薄之人，而节量亲厚之恩，犹方底而圆盖，必不合矣。惟友悌深至，不为旁人之所移者，免夫！

二亲既殁(四)，兄弟相顾，当如形之与影，声之与响；爱先人之遗体，惜己身之分气，非兄弟何念哉？兄弟之际，异于他人，望(五)深则易怨，地亲(六)则易弭(七)。譬犹居室，一穴则塞之，一隙则涂之，则无颓毁之虑；如雀鼠之不恤(八)，风雨之不防，壁陷楹(九)沦，无可救(十)矣。仆妾之为雀鼠，妻子之为风雨，甚哉！

【注释】

（一）左提右挈：挈，带、领。这里指父母带孩子的状态，左手拉一个，右手牵一个。

（二）前襟后裾：孩子年幼时围着妈妈前后襟活动，形容年幼时兄弟间关系密切。

（三）娣姒：dì sì，这里指妯娌，兄妻为姒，弟妻为娣。

（四）殁：mò，死，也常用作“没”。

（五）望：希望，期望。

（六）地亲：住得近。

（七）弭：mǐ，平息，停止，消除；安抚，安定。“地亲则易弭”和上文的“望深则易怨”指虽然兄弟之间对彼此的关心与恭敬期望很高，容易导致怨恨，但是因为住得近，空间上很亲近，所以也很容易安抚。王利器在《颜氏家训集解》中还引用了王国维的解释，将弭看成“湃”的讹传，“湃”意为言衅。那么“地亲则易弭”的意思就完全不同了，指兄弟因为住得近而容易有口角。这也是好理解的，但是，根据下面用房子的穴隙打比方，颜之推还是指兄弟住得近好，因为这样就能够及时发现问题、解决问题，反证了兄弟娶了妻子，有了孩子后，距离远了，很多矛盾就得不到及时解决了。所以，才会把妻子与仆妾比喻成了破坏房子的风雨和雀鼠。

（八）恤：xù，忧虑。与下句的“防”同。

（九）楹：yíng，厅堂前的柱子。

（十）救：久。

【今解】

17. 平衡小家与大家

“兄弟者，分形连气之人也。方其幼也，父母左提右挈，前襟后裾，食则同案，衣则传服，学则连业，游则共方，虽有悖乱之人，不能不相爱也。及其壮也，各妻其妻，各子其子，虽有笃厚之人，不能不少衰也。娣姒之比兄弟，则疏薄矣；今使疏薄之人，而节量亲厚之恩，犹方底而圆盖，必不合矣。惟友悌深至，不为旁人之所移者，免夫！……譬犹居室，一穴则塞之，一隙则涂之，则无颓毁之虑；如雀鼠之不恤，风雨之不防，壁陷楹沦，无可救矣。”

——颜之推《颜氏家训·兄弟》

人的感情，如亲子之情、兄弟之情、同学之情、战友之情等，都是通过交往形成的。

兄弟姊妹的关系是特殊的，按照颜之推的说法是“同气”，气为本，本质上是同一的，只是形态不同而已。这主要强调的是兄弟姊妹的血缘关系。培养兄弟姐妹之间的同一性与凝聚力需要父母在抚育子女时用心施教。

颜之推用了两组工整的句式来表达，一是“左提右挈，前襟后裾”，这表示孩子是一起长大的，都在妈妈的怀抱里成长。父母不厚此薄彼，不人为地制造隔阂，这一点在很多多子女家庭中没能得到重视。有些家庭迫于带孩子人手不够的压力只能将孩子分开抚养，这样容易造成孩子从小交往不足，互动不够，不能建立起最初的情感。二是“食则同案，衣则传服，学则连业，游则共方”，这是从生活的食、衣、学、游等角度说明了兄弟姊妹间情感的建立过程。父母要通过空间和物品的联系，帮助子女培养手足之情。我现在还能记得小时候怎么和姐姐抢吃的，怎么一起互相帮助，如何联合起来与邻居吵架，被父母责打后怎么相互安慰等。这些细节可以成为一辈子的记忆，成为兄弟姊妹间情感的黏合剂。

父母不仅需要让自己和子女拥有真感情，还需要创造子女间的真感情。

颜之推从人性的角度分析了兄弟之间相处的必然困境。没有结婚前，兄弟感情和睦；结婚后，兄弟之间开始斤斤计较，离心离德，因此，许多人认为，妻子是问题的罪魁祸首。这样看待问题太表面化，只看到一个变化——兄弟都有了妻子，却忘记了另一个变化——兄弟各自结了婚，有了属于自己的小家庭利益。如果没有妻子，兄弟之间有了利益问题，其关系发生改变也是可想而知的。

这里我们不讨论南北朝时期士大夫阶层的家庭结构和组织形态，仅仅讨论现代父母如何厘清两种关系：一是亲子关系，二是兄弟姊妹间的关系。

首先是亲子关系，如果子女一直互相攀比从父母处得到的利益，那么，任何时候家庭都不会有宁日。在新时代，父母和子女不是依附关系，父母有抚养子女的义务，但是没有抚养孙辈的义务；父母对财产有自由支配权，成年子女有赡养父母的义务，父母不需要用财产来换取子女的赡养义务。

其次，兄弟姊妹之间是相互理解、支持的关系，不必然有其他的义务。兄弟姊妹间的相互扶持不是法律规定的义务。因此，摆脱了道德压力，兄弟姊妹之间的关系就能回归到应有的正常轨道，否则就必然会带来兄弟姊妹之间的期待越位和心理偏差，正如颜之推所言的“方底而圆盖，必不合矣”。

亲子关系和兄弟姊妹间的关系不同，父母对子女的包容程度可能是这个世界上所有亲密关系中最大的，对于子女的成功和幸福，父母毫无保留地为之喜悦；对于子女的过错，父母也是毫不犹豫地给予包容，极少有记恨子女的父母。这是因为父母看着子女长大，对子女的脾气、秉性了如指掌，再加上他们作为长辈，永远觉得子女是需要成长的，在很多父母眼里，子女永远是没长大的孩子。

兄弟姊妹间的关系则不同，如果年龄相差不大，那么，他们就不存在谁迁就谁的问题。古代家族制社会为了家庭伦理关系的稳定，会把兄弟和夫妻这两种平等关系也套用亲子关系中的上下之分，“兄”和“夫”在某种程度上有了“父”一样的等级和权威，这不是探索复杂的平等关系如何相处，而是试图通过等级来维持简单清晰的关系。所以说，传统的家庭伦理维持的是静态的、简单的、粗放的平衡，现代家庭关系维持的是动态的、复杂的、精细的平衡。

在论述兄弟关系上，颜之推从父母的角度提出了“及时救失”的观点，他用房屋打比方，一旦出现一点问题，就要及时修补，这在家庭亲密关系中是极其重要的原则，否则日子一长，兄弟之间的罅隙就会增大。民间素有“清官难断家务事”的论断，因为家庭里的事很琐碎，很难判断谁对谁错。

所以，父母要帮助子女从小学会亲密关系的建设、学会沟通、学会“及时救失”，勤勉修复家人之间可能存在的裂隙。

【原文】

兄弟不睦，则子侄不爱；子侄不爱，则群从（一）疏薄；群从疏薄，则僮仆（二）为仇敌矣。如此，则行路皆踖（三）其面而蹈其心，谁救之哉？人或交天下之士，皆有欢爱，而失敬于兄者，何其能多而不能少也！人或将数万之师，得其死力，而失恩于弟者，何其能疏而不能亲也！

娣姒者，多争之地也，使骨肉居之，亦不若各归四海，感霜露而相思，伫日月之相望也。况以行路之人，处多争之地，能无间者，鲜矣。所以然者，以其当公务而执私情，处重责而怀薄义也；若能恕己而行，换子而抚，则此患不生矣。

人之事兄，不可（四）同于事父，何怨爱弟不及爱子乎？是反照而不明也。沛国刘琎，尝与兄瓛（五）连栋隔壁。瓛呼之数声不应，良久方答；瓛怪问之，乃曰：“向来（六）未着衣帽故也。”以此事兄，可以免矣。

江陵王玄绍，弟孝英、子敏，兄弟三人，特相爱友，所得甘旨（七）新异，非共聚食，必不先尝，孜孜（八）色貌，相见如不足者。及西台陷没，玄绍以形体魁梧，为兵所围；二弟争共抱持，各求代死，终不得解，遂并命（九）尔。

【注释】

（一）从：多指同宗堂兄弟及子侄。

（二）僮仆：指家僮与仆役，泛指仆人。

（三）踖：jí，践踏。
（四）可：肯、可互训。这里的“不可”当“不肯”讲。
（五）瓛：huán，玉圭的一种，多用于人名。
（六）向来：刚才。
（七）甘旨：美味的食物。
（八）孜孜：勤勉，不懈怠。这里形容三兄弟彼此相互友爱，勤勉不怠。
（九）并命：同死。

【今解】

18. 平衡兄友与弟恭

“兄弟不睦，则子侄不爱；子侄不爱，则群从疏薄；群从疏薄，则僮仆为仇敌矣。”

——颜之推《颜氏家训·兄弟》

现代家庭规模趋于小型化，以父母和孩子构成的三口或四口之家为主要结构类型，在这样的家庭结构中，人们很少会考虑子侄问题。随着二孩政策的开放，已经习惯了没有兄弟姊妹的年轻人开始尝试着生养第二个孩子。如何让多子女家庭的成员关系变得越来越和谐？这是现代父母应该向前人学习的智慧。

二孩政策开放后，最困扰人们的就是二孩对大孩的精神冲击，很多大孩甚至会因为二孩的来临而产生焦虑，进而产生心理、行为问题：担忧爱被稀释，担忧父母不再爱自己。对父母而言，这是挑战，也是新时代家庭育儿的新课题。

如何让多子女家庭保持健康和谐的发展态势？除了需要父母通过讲解让孩子们明白和睦的重要意义，还需要父母在日常生活中能够有意识地给孩子做好榜样，通过榜样示范，让孩子不仅感受到父母的一视同仁，也获得与兄弟姊妹相处的智慧。

对于新时代的二孩家庭，他们距离将来的子侄问题可能还有一段时间，但是现在父母就需要引导孩子，让他们学会和手足相处。当然，相处之道可以汲取中国古代的“兄友弟恭”的传统智慧，但是这样的传统智慧毕竟带有不平等的意味，这在新时代的家庭教育实践中已经出现了不良反应，很多大孩都反映，他们最不喜欢听父母说：“你是哥哥（姐姐），你就应该让着弟弟（妹妹）！”

封建时代，基于身份而设定的不平等关系，在新时代已经没有市场了。在现代，无论彼此是什么关系，人们都希望是建立在平等的基础上的。

因此，新时代的兄弟姊妹的和睦相处需要父母更新观念，从更符合新时代价值观与儿童心理的角度构架新的关系基础。

基础一是平等。平等不是对等，不是要求兄弟姊妹事事对等。平等是人格方面的，父母对子女的爱是平等的、无差别的，爱不因为孩子可爱与否、能力强弱等而产生差异。这对父母而言是挑战，是对人性中好恶情感的挑战，父母应采用理性的方式面对孩子之间的差异。

在给予孩子平等爱的基础上，父母要做到在处理事情时坚持平等的原则，如对待同一件事，原则上首先应该根据事实的对错进行判断，而不是根据孩子的身份进行预判，让所有的孩子都能明确“在父母那里，对错是稳定的、有规则的”，这样不仅有利于父母权威的建立，更有利于孩子获得稳定的规则感，更是兄弟姊妹间建立正常关系的基础。

家庭作为一个组织，有着组织建设的共性。要想组织拥有更健康的氛围，最重要的就是大家根据规则而不是根据某个人的情绪与喜好而生活，说得更通俗一点就是“法治而不是人治”。当兄弟姊妹不需要通过讨好父母来争取利益时，他们之间才能根据正常的关系进行交往。

基础二是交往。所谓“远亲不如近邻”，指的就是交往的重要性。交往，才能产生感情，才能深化关系。年轻的父母需要重视交往对家庭和睦的重要性，利用各种节假日和家族中的婚丧嫁娶活动向孩子传达交往的重要性。在此过程中，父母还可亲自示范，如主动为亲戚朋友准备节日小礼物，让孩子学会交往的基本礼仪。这是目前习惯了独门独户过日子的很多年轻父母所不具备的意识，甚至还有些年轻父母觉得家人之间的交往不需要如此大费周章，只要心意到即可。这是对家庭交往礼仪缺乏起码的敬畏，也是他们缺少家族交往体验所带来的必然结果。

四、“后娶”篇

【原文】

吉甫，贤父也，伯奇，孝子也。以贤父御孝子，合得终于天性，而后妻间之，伯奇遂放。曾参妇死，谓其子曰：“吾不及吉甫，汝不及伯奇。”王骏丧妻，亦谓人曰：“我不及曾参，子不如华、元（一）。”并终身不娶，此等足以为诫。其后，假继（二）惨虐孤遗，离间骨肉，伤心断肠者，何可胜数。慎之哉！慎之哉！

江左（三）不讳庶孽（四），丧室（五）之后，多以妾媵（六）终（七）家事；疥癣蚊虻，或未能免，限以大分（八），故稀斗阋（九）之耻。河北（十）鄙于侧出（十一），不预人流（十二），是以必须重娶，至于三四，母年有少于子者。后母之弟，与前妇之兄（十三），衣服饮食，爰及婚宦，至于士庶贵贱之隔，俗以为常。身没之后，辞讼盈公门，谤辱彰道路，子诬母为妾，弟黜（十四）兄为佣，播扬先人之辞迹，暴露祖考之长短，以求直己者，往往而有。悲夫！自古奸臣佞（十五）妾，以一言陷人者众矣！况夫妇之义，晓夕移之，婢仆求容（十六），助相说引（十七），积年累月，安有孝子乎？此不可不畏。

凡庸之性，后夫多宠前夫之孤，后妻必虐前妻之子；非唯妇人怀嫉妒之情，丈夫有沉惑（十八）之僻，亦事势使之然也。前夫之孤，不敢与我子争家，提携鞠养，积习生爱，故宠之；前妻之子，每居己生之上，宦学婚嫁，莫不为防焉，故虐之。异姓宠则父母被怨，继亲虐则兄弟为仇，家有此者，皆门户之祸也。

思鲁（十九）等从舅（二十）殷外臣，博达之士也。有子基、谌，皆已成立，而再娶王氏。基每拜见后母，感慕鸣咽，不能自持，家人莫忍仰视。王亦凄怆，不知所容，旬月求退，便以礼遣，此亦悔事也。

后汉书曰：“安帝时，汝南薛包孟尝，好学笃行，丧母，以至孝闻。及父娶后妻而憎包，分出之。包日夜号泣，不能去，至被殴杖。不得已，庐于舍外，旦入而洒扫（二十一）。父怒，又逐之，乃庐于里门，昏晨（二十二）不废。积岁余，父母惭而还之。后行六年服，丧过乎哀。既而弟子求分财异居，包不能止，乃中分其财；奴婢引其老者，曰：‘与我共事久，若不能使也。’田庐取其荒顿者，曰：'吾少时所理，意所恋也。'器物取其朽败者，曰：'我素所服食，身口所安也。'弟子数破其产，还复赈给。建光（二十三）中，公车特征（二十四），至拜侍中。包性恬虚，称疾不起，以死自乞。有诏赐告（二十五）归也。

【注释】

（一）华、元：曾参的两个儿子，曾华和曾元。

（二）假继：继母。

（三）江左：即江东，长江下游以南地区。六朝称江东为江左，是以金陵（今南京）为首都的六朝时代的政治与经济中心。

（四）庶孽：shù niè，妾所生的儿子。

（五）丧室：妻室丧亡。

（六）妾媵：qiè yìng，媵，古代诸侯贵族女子出嫁，以侄娣从嫁。这里泛指侍妾。

（七）终：主。

（八）大分：名分，本分。

（九）斗阋：争斗。

（十）河北：黄河以北。

（十一）侧出：指妾媵所生。

（十二）流：品类，等级。

（十三）兄：与前文的"弟"均指儿子。

（十四）黜：chù，贬低。

（十五）佞：nìng，善辩，巧言谄媚。

（十六）求容：取悦。

（十七）说引：诱引。

（十八）沉惑：迷惑。

（十九）思鲁：颜之推的儿子。

（二十）从舅：母亲的叔伯兄弟。

（二十一）扫：打扫。

（二十二）昏晨：晨昏定省。旧时指子女朝夕服侍、慰问双亲。

（二十三）建光：安帝年号。

（二十四）特征：特意征聘。

（二十五）赐告：指皇帝优赐其假，准其带印绶僚属归家治病。

【今解】

19. 平衡择偶与经营

“自古奸臣佞妾，以一言陷人者众矣！况夫妇之义，晓夕移之，婢仆求容，助相说引，积年累月，安有孝子乎？此不可不畏。”

——颜之推《颜氏家训·后娶》

在颜之推来看，后娶也就是再娶是危险的，他举了若干的例子来说明这个道理，除了再娶后夫妻双方年龄差异较大、后妻与家庭其他成员之间的关系不好处理等因素外，他着重论述了夫妻和睦的意义。

在颜之推生活的时代，士大夫阶层中的权力争斗与党伐之争是极其残酷的。当然，在现代社会，人与人之间已经摆脱了人身依附关系，但是，家庭的危机对事业发展和幸福体验的影响还是十分明显的。颜之推用奸佞小人的一句诬陷之语的杀伤力来说明：夫妇之间如果不能和谐相处，其杀伤力更为强大。

因此，作为父母要教导子女挑选好婚姻对象，更为关键的是引导儿女努力经营好婚姻关系，如果无法做到举案齐眉，也要努力做到相敬如宾，否则，对对方的懈怠与伤害最终将伤害到自己乃至子孙。

现代婚姻变动频繁，重组家庭也很常见。这一方面说明人们对美好婚姻的不懈追求，另一方面也要求我们学会更加妥善地处理家人关系、经营幸福家庭生活。

20. 平衡亲生子女与继子女

“异姓宠则父母被怨，继亲虐则兄弟为仇，家有此者，皆门户之祸也。”

——颜之推《颜氏家训·后娶》

现代家庭结构趋于多元，其主要原因是婚姻关系的变化，夫妻双方在遵循基本伦理道德的基础上，更多了个性追求和情感诉求，这就使得婚姻的不稳定性增强。不稳定、改变和动荡是我们不愿意见到的，但是从人类文明进步的角度看，这样的不稳定也体现了人们对平等、爱、个性和幸福的追求。

和古代社会不同，当今的家庭重组主要是由于离异和丧偶，无论什么原因，异姓子女的相处问题，古今都有之。

要处理好亲生子女和继子女间的关系，父母首先要注意调整自己的心态，用爱去对待他们的成长。当然，也不要过分担心孩子因为敏感而产生的情绪，只要父母保持平衡的爱，保持对孩子爱的教导，孩子的疑虑都会逐渐烟消云散。

娇宠亲生子女会使继子女生怨，虐待继子女则会让子女间生出仇恨，这些都是家庭的祸害之源，而这一切都和父母对异姓子女的态度有关。因此，父母应开诚布公地讨论问题，直抒胸臆表达情感，让家庭的爱在子女间正常传递，避免因为猜测和私下比较将“无”生“有”，将“有”放大。

在重组家庭中，父母需要努力维持子女心理的平衡。但也不要过分担忧，甚至放弃追求美好生活的机会，要相信“心底无私天地宽”，永远用真诚的爱弥合误会，打消疑虑，调和关系。

五、“治家”篇

【原文】

夫风化者，自上而行于下者也，自先而施于后者也。是以父不慈则子不孝，兄不友则弟不恭，夫不义则妇不顺矣。父慈而子逆，兄友而弟傲，夫义而妇陵(一)，则天之凶民，乃刑戮(二)之所摄(三)，非训导之所移也。

笞怒废于家，则竖子之过立见；刑罚不中，则民无所措手足。治家之宽猛，亦犹国焉。

【注释】

（一）陵：古同“凌”，侵犯，欺侮。

（二）刑戮：xíng lù，施以刑罚或处死。

（三）摄：同“慑”，慑服。

【今解】

21. 身言平衡

“夫风化者，自上而行于下者也，自先而施于后者也。”

——颜之推《颜氏家训·治家》

家风，是一个家庭表现出的一种状态，以及家庭成员共同遵守价值观所体现出来的氛围。成风者，必有来源。家风的来源就是家中的长者。

所谓“上梁不正下梁歪”，这话虽然过于笼统，但是也大致反映了家庭中代际传承的普遍现象。很多时候，子女不是不知道对错，而是天长日久习惯了而已，且认为这是天经地义的。比如，有一种家庭弥漫着自私自利的风气，所有人首先想到的都是自己的利益，都是先满足自己的愿望。因此，在这样的家庭中，每个人都会认为自己的想法是合情合理的。只有家庭成员开始把自己的言行当成反思的对象，家风才会有所改变。在家风有问题的家庭中，“上梁”和“下梁”都不会觉得自己是歪的，他们又怎么可能主动修正呢？

要想改变这样的状态，按照颜之推的说法是必须从上开始，这种做法从教育的角度看是对的，因为未成年人的理性思维和自控力还欠缺，要求他们先发生改变是不合适的。实际上，要求长辈发生改变也很难，因为他们的观念根深蒂固，不是说变就能变的。但是，长辈可以尝试着把对子女提的新要求自己先实践起来，也就是要求孩子做到的，自己先做到。这一点是可以预期和想象的。

另外，现代的孩子也可以成为家风的影响者，他们可以用自己学到的知识和观念影响自己的父母和家庭氛围，这也正是孩子接受公共教育的意义所在，否则，我们的孩子就很难超越家庭的局限了。一代更比一代强，这是符合人类社会发展的逻辑。现实社会中，每一代人都应当试图通过接受教育而超越上一代的局限。

22. 宽猛平衡

> "笞怒废于家，则竖子之过立见；刑罚不中，则民无所措手足。治家之宽猛，亦犹国焉。"
>
> ——颜之推《颜氏家训·治家》

父母教育孩子时，除了要对孩子进行引导，还必须履行敦促与训导之职。引导是在孩子不明事理、不清事实、不谙世事时采用的方法。俗话说，"不知者不怪"，对孩子教育也是这样，父母在孩子"不知"时对孩子严苛甚至责罚，这是不人道的，也不符合教育和儿童成长的规律。

现在很多父母没有耐心陪伴孩子，希望孩子能够无师自通，或者认为教育完全是老师的事情，殊不知，孩子的接受能力、心性差异极大，很多孩子如果没有父母加以劝导、扶持，他们是难以做到与日俱进的。

训导、敦促甚至发火惩戒，这是在孩子屡教不改、恣意妄为时所选择的教育方法。没有合适的惩戒，教育也是不完整的，它是帮助孩子成长的必然手段。

当然，帮助孩子并不必然对孩子鞭挞，可以有更文明的方法。但是，无论多么文明的方式，父母都需要克服因孩子的"眼泪""纠结""不悦"所带来的情感压力。父母突破自己，下得了"狠心"，不纵容孩子，严格要求孩子，才能帮助孩子突破自我、获得超越与进步。

【原文】

孔子曰："奢则不孙[一]，俭则固[二]；与其不孙也，宁固。"又云："如有周公之才之美，使骄且吝[三]，其余不足观也已。"然则可俭而不可吝已。俭者，省约为礼之谓也；吝者，穷急不恤之谓也。今有施则奢，俭则吝；如能施而不奢，俭而不吝，可矣。

生民之本，要当稼穑[四]而食，桑麻以衣。蔬果之畜，园场之所产；鸡豚[五]之善，埘[六]圈之所生。爰[七]及栋宇器械，樵苏[八]脂烛，莫非种殖之物也。至能守其业者，闭门而为生之具以足，但家无盐井耳。今北土风俗，率能躬俭节用，以赡[九]衣食；江南奢侈，多不逮焉。

【注释】

（一）孙：同“逊”。谦让，恭顺。

（二）固：鄙陋。

（三）吝：过分爱惜，当耗费的舍不得耗费，该使用的舍不得使用。下文的“穷急不恤”对“吝”进行了解释，也就是对别人的困境和紧急的情况不予同情和救助。

（四）稼穑：jià sè，春耕为稼，秋收为穑，统称为农事。

（五）豚：tún，泛指猪。

（六）埘：shí，在墙壁上挖洞做成的鸡窝。

（七）爰：yuán，于是。

（八）樵苏：砍柴割草。

（九）赡：shàn，供给人财物。

【今解】

23. 奢俭平衡

“俭者，省约为礼之谓也；吝者，穷急不恤之谓也。今有施则奢，俭则吝；如能施而不奢，俭而不吝，可矣。”

——颜之推《颜氏家训·治家》

家有贫富，这是不以子女意志为转移的事实。当然，在个人成长的过程中，家庭的经济状况可能会发生变化，但是大部分人会生活在特定的家庭经济背景中。

不同的家庭经济状况会影响家庭成员的思想、行为、价值取向、眼界与胸怀。

如孔子所言："奢则不孙，俭则固；与其不孙也，宁固。"这是孔子从贫富可能带来的心理影响，以及从儒家道德的角度做出的价值判断。孔夫子认为，奢华的生活会让人不知不觉失去谦逊的心，行为容易张扬。这在现代社会也很常见：部分富裕起来的人一下子"找不到北"，不知道如何自处，甚至觉得没有自己搞不定的事，自信过了头，甚至将纲常法纪抛于脑后。

按照孔夫子的观察，那些因为贫穷或者其他原因特别节俭、内敛之人，容易形成固化和僵化的行为与心理，他们不愿交友，对人不够体恤。这样的父母培养出的孩子往往胆小，容易自我设限。从儒家道德观念出发，基于社会安定的考虑，孔夫子鼓励人们"宁固"，因为个性张扬、自以为是不是传统士大夫阶层宣传的理念。

现代社会大力鼓励自信、个性张扬。因此，整个社会越来越有活力，当然也会存在一些冲突和规则感不强的现象。民间有"宁养飞檐走壁，不养扶墙摸壁"的说法，表达的就是老百姓希望孩子灵活、充满生机。

贫富，以及由此带来的奢俭，对孩子而言都是有利有弊的。父母无论家庭情况如何，在学业、开阔眼界以及支持孩子的理想上应尽可能做到不遗余力，在日常生活中则要做到不铺张、不奢侈，让孩子能够在享受和自律间取得平衡，从而做到既谦逊又自信。

24. 独群平衡

"至能守其业者，闭门而为生之具以足，但家无盐井耳。"

——颜之推《颜氏家训·治家》

父母治家教子需要根据时代的变化有所侧重，但不管什么时代，都要培养孩子独立、自我保护、自我服务的能力。家庭作为社会的细胞需要具有独立性，封建农业时代的家庭一般是自给自足的，按照颜之推的说法是除了自家没有盐井，不生产盐，其他都要能够做到"闭门而为生之具以足"。

安分守业，是封建专制时代人们不得已形成的立身保命生命哲学。家是自己的小家庭，国是皇帝的大家庭，士大夫的许多改革无非是皇帝的大家庭与百姓小家庭之间的动态平衡。

时代发展到今天，这样的观念已经不适合当下个人的发展。一个人是否成熟，主要看他是否能从关注自我转向关注他人和社会。有些人年龄再大、职位再高，如果一辈子只关心自己的利益，那么他也不是一个成熟的人，而只是一个“精致的利己主义者”。

父母通过家庭教育引导孩子走向成功，无可厚非，但是我们还需要为更美好、更理想的社会输出合格的公民，引导孩子关注社会、建设社会。教育的精神品格是家风的境界与我们为人的格局所在。

【原文】

梁孝元世，有中书舍人，治家失度，而过严刻。妻妾遂共货(一)刺客，伺(二)醉而杀之。

世间名士，但务宽仁；至于饮食饷馈(三)，僮仆减损，施惠然诺，妻子节量，狎侮(四)宾客，侵耗(五)乡党(六)：此亦为家之巨蠹(七)矣。

齐吏部侍郎房文烈，未尝(八)嗔怒(九)，经霖雨(十)绝粮，遣婢籴(十一)米，因尔逃窜，三四许日，方复擒之。房徐曰：“举家无食，汝何处来？”竟无捶挞。尝寄人宅(十二)，奴婢彻屋(十三)为薪略尽，闻之颦蹙(十四)，卒(十五)无一言。

裴子野有疏亲故属(十六)饥寒不能自济者，皆收养之。家素清贫，时逢水旱，二石米为薄粥，仅得遍焉，躬自同之，常无厌色。邺下有一领军，贪积已甚，家僮八百，誓满一千；朝夕每人肴膳，以十五钱为率，遇有客旅，更无以兼。后坐事伏法，籍(十七)其家产，麻鞋一屋，弊衣数库，其余财宝，不可胜言。南阳有人，为生奥博(十八)，性殊俭吝，冬至后女婿谒(十九)之，乃设一铜瓯(二十)酒，数脔(二十一)獐肉；婿恨其单率(二十二)，一举尽之。主人愕然(二十三)，俯仰(二十四)命益，如此者再。退而责其女曰：“某郎好酒，故汝常贫。”及其死后，诸子争财，兄遂杀弟。

【注释】

（一）货：购买。
（二）伺：sì，观察，侦候。
（三）饷馈：xiǎng kuì，将食物送与人。
（四）狎侮：xiá wǔ，轻慢，戏弄。
（五）侵耗：侵占克扣。
（六）乡党：乡族朋友。
（七）蠹：dù，蛀虫。
（八）未尝：不曾。
（九）嗔怒：chēn nù，发怒。
（十）霖雨：连绵不断的雨。
（十一）籴：dí，买进粮食。
（十二）寄人宅：把房子借给别人住。
（十三）彻屋：拆除房屋。这里指奴婢把房子拆了当柴火。
（十四）颦蹙：pín cù，皱眉锁额，形容忧愁不乐。
（十五）卒：zú，终止。
（十六）故属：过去的下属。
（十七）籍：登记。
（十八）奥博：这里指一个人善于营生。
（十九）谒：yè，拜见。
（二十）瓯：ōu，酒杯，酒盅。
（二十一）脔：luán，切成小块的肉。
（二十二）单率：苟且简略。
（二十三）愕然：è rán，受惊的状态。
（二十四）俯仰：指低头与抬头，泛指随便应付。

【今解】

25. 宽节平衡

“梁孝元世，有中书舍人，治家失度，而过严刻。妻妾遂共货刺客，伺醉而杀之。……齐吏部侍郎房文烈，未尝嗔怒，经霖雨绝粮，遣婢籴米，因尔逃窜，三四许日，方复擒之。房徐曰：‘举家无食，汝何处来？’

竟无捶挞。尝寄人宅，奴婢彻屋为薪略尽，闻之颦蹙，卒无一言。”

——颜之推《颜氏家训·治家》

中华民族的治家传统侧重“勤俭”二字。“勤”，自不必说，这里主要讨论“俭”，也就是在治家中如何注意宽容、宽裕与节制、节俭的平衡，即治家之度的问题。

为了说明这个问题，颜之推从“宽”“节”两个方面举了几个极端的例子。过分“节”的例子是严苛治家的中书舍人，最终招致杀身之祸。过分“宽”的例子是齐吏部侍郎房文烈的两个故事，一是对奴婢的宽容，二是对借居他家的人的宽容，那家的奴婢甚至把房子都拆了。这几个极端的案例都说明：管理家庭需要大方、宽宥，同时也需要节俭、节制，这两者需要取得一定的平衡，走极端对家庭建设有百害而无一利。

首先是宽容有度。在经济快速发展的今天，人们的生活越来越好，经济也越来越宽裕。把日子过好一点、让生活舒心一点，这些都没有问题，但是有一些人丧失了底线，不是大肆举债，就是被各种高额回报所诱惑，从而掉进各种金融陷阱不得自拔。

从家庭教育的角度分析，家长最容易出现的问题就是不能让孩子从小养成自己的事情自己担责的意识与习惯，如很多年轻人从小没有得到有效的财商培养，不懂得管理自己的财务，成年后成为“卡奴”，资金链条断裂，直到一发不可收拾，甚至去借高利贷，最终导致家破人亡。

究其原因就是很多父母在管教孩子、治家过程中过于宽宏大量，让家庭成员失去了对生活的敬畏心，导致生活系统崩溃。父母需要对孩子宽容，但是宽容不是无底线的，而应该在一定的范围内、根据一定的原则进行判断。

父母对孩子在没有意识和没有能力时所犯的错，应保持宽容的态度，但是，一旦孩子经过相应的生活历练，拥有一定的意识后，就需要对他“一而再，再而三”犯下的低级错误进行严格的管教。如孩子情绪激动动手打人，就需要让他学会承担一定的后果，让他明白情绪不加控制所带来的后果，不能形成孩子犯错误、父母承担责任的局面。中国传统所谓“不贰过”，指的就是这个道理。

在经济快速发展的时代，我们更需要时刻注意攀比所带来的焦虑心理。

当下，一些商家热衷于制造消费符号和消费焦虑，如什么样的成功人士开什么车，住什么房，用什么珠宝等。这很容易造成人们的面子焦虑，进而形成错误的消费观。因此，家长要帮助孩子从小树立正确的消费观，做到量力而行，根据自己的状况进行独立判断，而不是迎合潮流或迫于社会压力进行高消费或者超前消费。

其次是节制有规。这里要强调的是治家与管教孩子都一样，无论我们多么节俭，抑或对自己多么严格，在生活实践中，还是要做到节制有规。这个“规”体现了父母的价值观。一个人如何花钱体现了他对生活和人生的态度，如果他只是把钱用在享受生活上，那么他基本上就是个及时行乐的享乐主义者；如果他把钱更多用在公共事业上，那么他就是一个有奉献精神的人。

在孩子小时候，父母就要将服务社会的理念植根在他们的心灵中。服务社会会让孩子一生保持幸福体验，也让孩子能够找到自我的价值，从而实现人生的长远价值。

另外，父母在管理家庭和孩子时也要注意把握好度，如家庭成员在一起制订的基本家庭规范要有原则、有灵活性。我曾经遇到一对夫妻，他们约定：周一、周三、周五妻子做饭，丈夫洗碗；周二、周四、周六则反过来。但是令丈夫感到困扰的是，无论他多忙，周一、周三、周五妻子只做饭，不会帮忙洗碗。丈夫认为妻子教条，甚至开始怀疑他们之间的感情。

现实中，有的家长会使用一些奖励方法，如代币券，孩子只要做到什么事情，就能获得一些代币券，以换取各种物品。这样做的最终结果是孩子对很多事情都失去了兴趣与信心，原因就在于此过程中，父母机械性地执行规定，将亲子关系变成了简单的“算账”，这对孩子的成长与家庭关系造成了破坏。

宽节平衡，不是简单的谁多谁少的问题，而是在一定原则下做出的合情合理的取舍。

【原文】

妇主中馈(一)，惟事酒食衣服之礼耳，国不可使预政，家不可使干蛊(二)；如有聪明才智，识达古今，正当辅佐君子，助其不足，必无牝鸡(三)晨鸣，以致祸也。

江东妇女，略无交游，其婚姻(四)之家，或十数年间，未相识者，惟以信命赠遗，致殷勤焉。邺下风俗，专以妇持门户，争讼曲直，造请(五)逢迎(六)，车乘填街衢(七)，绮罗(八)盈府寺(九)，代子求官，为夫诉屈。此乃恒、代(十)之遗风乎？南间贫素，皆事外饰，车乘衣服，必贵齐整；家人妻子，不免饥寒。河北人事，多由内政(十一)，绮罗金翠(十二)，不可废阙，羸马(十三)悴奴，仅充而已；倡和(十四)之礼，或尔汝(十五)之。

河北妇人，织纴(十六)组紃(十七)之事，黼黻(十八)锦绣(十九)罗绮(二十)之工，大优于江东也。

【注释】

（一）中馈：妇女在家中主管饮食等事。

（二）干蛊：这里指主事。

（三）牝鸡：pìn jī，母鸡。比喻专权的妇人。

（四）婚姻：《尔雅·释亲》："婿之父为姻，妇之父为婚。妇之父母、婿之父母相谓为婚姻。"这里指儿女亲家。

（五）造请：登门晋见。

（六）逢迎：接待。

（七）街衢：衢，qú。指大路，四通八达的道路。

（八）绮罗：qǐ luó，华丽的衣服，这里指穿着华丽衣服的人。

（九）府寺：泛指高级官员的府邸或官署。

（十）恒、代：指北魏都城平城县，在今天山西大同市。

（十一）内政：妻子。

（十二）金翠：指金黄、翠绿之色或由黄金和翠玉制成的饰物。

（十三）羸马：léi mǎ，指瘦弱的马匹。这里指家境贫寒。

（十四）倡和：孔颖达疏："先发声者为倡，后应声者为和。"比喻夫妻感情和睦，夫唱妇随。

（十五）尔汝：彼此以尔和汝相称。同辈表示轻贱的称呼。

（十六）织纴：zhī rèn，指织作布帛之事。

（十七）组紃：zǔ xún，古指妇女从事的女红。

（十八）黼黻：fǔ fú，泛指礼服上所绣的华美花纹。

（十九）锦绣：色彩鲜艳、质地精美的丝织品。

（二十）罗绮：丝织品，多借指丝绸衣裳。

【今解】

26. 夫妇平衡

“妇主中馈，惟事酒食衣服之礼耳，国不可使预政，家不可使干蛊；如有聪明才智，识达古今，正当辅佐君子，助其不足，必无牝鸡晨鸣，以致祸也。”

——颜之推《颜氏家训·治家》

颜之推在这里讨论的是女性在家庭中的地位问题，总体上他还是将女性定位于“内宅”，这种观点在古代封建社会比较常见，我这里也不想以今非古。

颜之推从梁朝开始就因为政权更替而被迫游宦于南北诸朝，对南方社会与北方社会的各种微妙差异有着深刻的认识。他将南方女性与北方女性在家庭中承担的对内、对外的角色做了对比，结论是河北（黄河以北）地区的家庭女性更多把精力用在“内政”上，而江东（长江下游以南）地区的家庭女性会参与家庭以外的各种社会活动。

在今天这个时代讨论女性在家庭中的“内政外交”问题，很多人可能觉得没有必要，因为今天的中国女性得到了极大的解放，她们参与工作，参与社会事务，成为真正的“半边天”，可是在家庭教育中还是存在男女不平衡的问题。

这几年来，家庭教育中父亲的价值被发现了，同时父亲也是被批判最多的角色，因为人们发现了父亲在孩子成长中的作用，所以对父亲参与家庭事务、参与育儿的状态不满意，“爸爸去哪儿了”“丧偶式单亲”“诈尸式育儿”等常常占据新闻的醒目位置。

为什么大家对父亲参与育儿的状况不满？究其原因，当然有部分父亲的“表现”不尽如人意，但是根本的原因是“爸爸的表现与妈妈的期望值有差距”。妈妈为什么对爸爸参与家庭内部事务（包括育儿）有较高的期望值？前面提到，从科学育儿的角度来看，这是对父亲教育价值的再发现，但是从女性的角度来看，更多可能还反映了女性的不满，正如一位妈妈所说：“过去是男主外、女主内，现在男女都主外，而妈妈还需要主内。”

原来的社会分工是建立在女性不创造社会价值的基础上的，而女性一旦和男性一样创造社会价值，那么她们自然希望家庭内部的事务也能够重新划分，否则，不公平感会油然而生，抱怨也会自然产生。

因此，对于这个话题，我们不需要再讨论女性要不要、应该不应该进入社会，而需要讨论父母如何在内外事务中取得平衡。

首先，家庭中的父亲除了扮演“男主外”的角色，还需要参与家庭内部事务的分工，不能想当然地把家庭内部的所有事务都认为是女性的责任。其次，家庭中的母亲也需要调整认识，不要把家庭育儿看成自己的负累，而要看到女性在育儿中的特殊地位，特别是在儿童成长的初期，母亲对孩子发展的基础性价值是父亲很难替代的。

那么，父亲在家庭中如何支持母亲完成育儿的“浩大工程”呢？一是要随时检视自己的思维与观念，摒除思想意识中的不合时宜的“男女”“内外”划分；二是要充分尊重并感恩女性在家庭建设和育儿中的付出；三是围绕家庭事务与育儿的需要，用行动支持女性，如主动打扫卫生，对女性的情绪给予理解，让她们感到被尊重、被理解。

再一次强调，“男主外、女主内”是古代社会为了家庭安定、社会稳定，以及财产继承等能有序运转的一种简单制度，它避免了多元思考和讨论，杜绝了博弈与平等，有的只是简单僵化的角色定位。我们不能苛责古人的观念表述，但是到新时代如果还有人再宣传所谓的“女功”“妇德”，就是逆潮流而动，就是食古不化，找错了社会改革与进步的方向。

我们阅读古代典籍，一定要带着继承与批判的眼光，不能简单地“非古是今”，也不能盲目地“厚古薄今”。

引用这一段颜之推对女性在家庭中地位的分析是希望当今的父母在教育子女时能够拥有男女平衡的理念，让女孩从小学会自理自立、自强不息；让男孩从小学会尊重女性，自觉维护女性的地位，尊重女性的特点与价值。

在这里，我用“平衡”，不用“平等”，是因为“平等”这个词常常被现实生活中理解成“对等”，似乎男人干的事女人也应该干才是平等，女人干符合女人特色的事就是歧视。平衡则是动态的，是在不同领域、不同情景下对男人和女人不同的期待和要求，能让不同性别都能发挥优势、做出自由选择。

父母要在家庭中彼此尊重，在相互合作中发掘男女平衡的能力，并引导孩子从小客观看待两性优势，让男女平等的观念在心中扎根，做社会文明的拥护者与推动者。

【原文】

太公曰："养女太多，一费也。"陈蕃曰："盗不过五女之门。"女之为累，亦以深矣。然天生蒸民[一]，先人传体，其如之何？世人多不举女，贼[二]行骨肉，岂当如此，而望福于天乎？吾有疏亲，家饶[三]妓媵，诞育将及，便遣阍[四]竖守之。体有不安，窥窗倚户，若生女者，辄持将去；母随号泣，使人不忍闻也。

【注释】

（一）蒸民：众民，百姓。《国语·周语上》："立我蒸民，莫匪尔极。"也作"烝民"。
（二）贼：害，伤害，杀害。
（三）饶：多。
（四）阍：hūn，守门人。

【今解】

27. 男女平衡

"太公曰：'养女太多，一费也。'陈蕃曰：'盗不过五女之门。'女之为累，亦以深矣。然天生蒸民，先人传体，其如之何？世人多不举女，贼行骨肉，岂当如此，而望福于天乎？吾有疏亲，家饶妓媵，诞育将及，便遣阍竖守之。体有不安，窥窗倚户，若生女者，辄持将去；母随号泣，使人不忍闻也。"

——颜之推《颜氏家训·治家》

家庭的功能很多，有情感功能，家庭成员彼此依存慰藉；有经济功能，大家共同劳动，创造经济效益；有生育功能，生儿育女，传承后代；有教育功能，抚育子女，教化成人，等等。

在不同的时代，家庭的功能有所侧重。在经济不发达的时代，如原始社会，人们聚集在一起抱团取暖，不是人们的觉悟高，而是仅靠一个人无法获得足够的食物，抵御野兽的侵袭。后来，人们以家族为单位生活以及联姻，更多也是为了经济的安全，直至一百年前，很多人的婚姻也还是奉父母之命，而很少考虑情感。这一个世纪以来，随着社会经济水平不断提高，人们对家庭情感生活的要求越来越高。

颜之推引用周朝开国功臣姜太公的话，说明一个家庭和部落养太多女孩，耗费很大；汉代人陈蕃说偷盗者不会光顾有五个女儿的家。这是典型的农业社会的思维，认为女孩不能像男孩一样有充沛的体力耕种渔猎，不能提升生产力。在颜之推生活的时代，有些家庭甚至为了减少女孩的拖累，女孩生出来就会被遗弃。即使到了现代，一些经济贫困地区还是会有歧视女孩的现象。

是不是人们只考虑经济因素就没有情感？不一定，只是在现实中，情感常常让位于经济。颜之推的“母随号泣，使人不忍闻也”一句，就描述了女孩子被抱走，母亲痛苦的状况。

今天再读这样的文字，再提这个话题，我们希望整个社会不仅要从情感上尊重女性，更要在经济上赋予女性同等的发展机会，让她们的社会经济地位得到提升，这才是对她们的真正的保护。

【原文】

妇人之性，率(一)宠子婿而虐儿妇。宠婿，则兄弟之怨生焉；虐妇，则姊妹之谗(二)行焉。然则女之行留(三)，皆得罪于其家者，母实为之。至有谚云：“落索阿姑餐。”此其相报也。家之常弊，可不诫哉！

婚姻素对(四)，靖侯(五)成规。近世嫁娶，遂有卖女纳财，买妇输绢，比量父祖，计较锱铢(六)，责多还少，市井无异。或猥婿在门，或傲妇擅室，贪荣求利，反招羞耻，可不慎欤！

【注释】

（一）率：大概。

（二）谗：说别人的坏话。

（三）行留：指行军时滞留不进。这里指言行举止。

（四）素对：家世清寒但品性清白的配偶。

（五）靖侯：颜之推九世祖颜含，以孝悌闻名，年九十三卒，谥曰靖，故为靖侯。颜含在家族中倡导“正、清、节”的家风。1958年，南京颜氏墓群发掘，陪葬物尽是石制物品和砚台，不见金银饰物。

（六）锱铢：zī zhū，旧制锱为一两的四分之一，铢为一两的二十四分之一。比喻极其微小的数量。

【今解】

28. 代际平衡

“妇人之性，率宠子婿而虐儿妇。宠婿，则兄弟之怨生焉；虐妇，则姊妹之谗行焉。然则女之行留，皆得罪于其家者，母实为之。……家之常弊，可不诫哉！”

——颜之推《颜氏家训·治家》

婆媳关系在大家庭是个千年课题，不同人对这个问题有不同的看法。

有人从权力斗争的角度分析，女婿被宠爱是因为他不会从女方家获得任何经济利益，也不会破坏丈母娘在家庭中的权威性，丈母娘对女婿好有可能会换来女婿对女儿的好；媳妇来到家里，则对原来女主人的权力带来挑战。

也有人从爱的角度分析，认为丈母娘对女婿好，儿子会感到爱的威胁和不平衡；婆婆对媳妇不好，是因为儿子的爱和情感被媳妇所“瓜分”。

无论从什么角度分析，父母在子女长大后，应当教导他们在新的人生阶段学会处理新的关系，因为这种能力不是随着年龄的增长而自然习得的，父母应继续给予指导与引导，以及要做好榜样。

当然，父母的角色里多了公婆和岳父母的身份，这也不是自然就能胜任的，也需要继续学习思考。如何维持家庭的和谐与弹性？长辈的持续成长尤为重要。

处理这个问题，不同的时代有不同方法。我国古代的封建礼教将这个问题简单化、伦理化，比如要求媳妇服从夫家的伦理要求——“出嫁从夫，夫死从子”。民间也有“多年的媳妇熬成婆”的说法。

现在一般鼓励两代人分开居住，否则两代人“低头不见抬头见”，会因生活方式不同、价值观念冲突，引起家庭矛盾。

以上两种都是简单的做法，在现代社会我们需要做到平衡，我们既不可能回到封建的等级关系中去，也不可能“西化”到父母与成年子女完全泾渭分明。

新的时代，父母既需要与成年子女保持一定的情感联系与支持，又需要保持两代人的相对独立性，做到代际平衡。

29. 情钱平衡

> “婚姻素对，靖侯成规。近世嫁娶，遂有卖女纳财，买妇输绢，比量父祖，计较锱铢，责多还少，市井无异。或猥婿在门，或傲妇擅室，贪荣求利，反招羞耻，可不慎欤！”
>
> ——颜之推《颜氏家训·治家》

我在做婚姻家庭咨询时发现，很多夫妻的情感一开始就有裂隙，比如，“他家经济以及地位都不如我家，我是下嫁”“还没结婚就谈要给她家多少钱，逼得我当时一点尊严都没有”，等等。

如此种种的心结都是从婚姻一开始就产生了，在以后的日子中一切的“不顺”都会围绕这样的心结发酵，直至婚姻的世界阴云密布。

因此，父母在孩子婚姻问题上要有注重长远幸福的意识，对于成年子女来说，婚姻是新的课题，作为过来人的父母需要站在更高、更长远的角度为他们做好榜样，向他们传递正确的婚姻观和生活价值观，净化他们被世俗错误的观念所污染的心灵，同时用自己宽广的胸怀、淡定的态度给年轻人减压，让他们轻装上阵，过有情感、高品质的婚姻生活。

婚姻，无论如何都离不开一定的经济基础，否则再好的感情都可能会昙花一现。但是，婚姻关系作为长相厮守的亲密关系，没有感情在当今社会也是不可想象的。父母在关心儿女情感幸福的同时，也需要关注儿女的经济生活。

父母对孩子幸福生活的教导永无止境，这是父母教育者角色终身性的体现。

【原文】

借人典籍，皆须爱护，先有缺坏，就为补治，此亦士大夫百行之一也。济阳江禄(一)，读书未竟，虽有急速，必待卷束整齐，然后得起，故无损败，人不厌其求假(二)焉。或有狼藉几案，分散部帙(三)，多为童幼婢妾之所点污，风雨虫鼠之所毁伤，实为累德(四)。吾每读圣人之书，未尝不肃敬对之；其故纸有五经词义，及贤达姓名，不敢秽用(五)也。

吾家巫觋(六)祷请(七)，绝于言议；符书(八)章醮(九)，亦无祈焉，并汝曹所见也。勿为妖妄之费。

【注释】

(一) 江禄：南北朝南梁时期人，幼年时专心好学，这里就是举他爱惜书的例子。

(二) 假：jiǎ，借。兼指借出和借入。

(三) 部帙：bù zhì，书籍的部次卷帙。也可泛指书籍。

(四) 累德：对德行有损。

(五) 秽用：huì yòng，用于不洁的地方。

(六) 巫觋：wū xí，古代称女巫为巫，男巫为觋，合称“巫觋”。后亦泛指巫师。

(七) 祷请：祈求神佛等法事。

(八) 符书：指道教沟通人神的凭证和秘诀。

(九) 章醮：zhāng jiào，拜表设祭，指道教的一种祈祷形式。

【今解】

30. 知困平衡

“吾家巫觋祷请，绝于言议；符书章醮，亦无祈焉，并汝曹所见也。勿为妖妄之费。”

——颜之推《颜氏家训·治家》

人生无常，世事难料；旦夕祸福，人力无济。如何看待这个世界，如何面对生命中的无常变化，这是任何时代、任何人都回避不了的话题，孩子从懂事开始，就会琢磨天、地、人的各种现象，并尝试探寻其中规律。

在古代，家庭成为人们祈祷健康、平安的主要场所。只要有人力无法理解现象，古代人往往都会求助诸神。

颜之推教导子女，并用实际行为让子女看到：颜家从来不提求鬼神消灾赐福的事。他认为这些事不足信，也不值得花费钱财。

作为孩子的世界观启蒙教师，父母要在家庭中引导孩子对一切不可知和未知事物保持兴趣，不要给孩子埋下迷信的种子，而要让孩子知道我们永远都走在探索世间万象的道路上，一代又一代，永不止步。

人类的知识总是有局限性的。面对大千世界，我们总有无法理解的现象。而且，人类总是与“偶然”“无常”相伴，这也是人生的魅力所在。我们应投身于丰富的生活，学会接受并欣赏人生的不确定之美。

卷第二

六、"风操"篇

【原文】

吾观礼经，圣人之教：箕帚[一]匕箸[二]，咳唾[三]唯诺[四]，执烛沃盥[五]，皆有节文，亦为至矣。但既残缺，非复全书；其有所不载，及世事变改者，学达君子，自为节度，相承行之，故世号士大夫风操。而家门颇有不同，所见互称长短；然其阡陌[六]，亦自可知。昔在江南，目能视而见之，耳能听而闻之；蓬生麻中，不劳翰墨[七]。汝曹生于戎马之间，视听之所不晓，故聊记录，以传示子孙。

礼曰："见似目瞿[八]，闻名心瞿。"有所感触，恻怆[九]心眼；若在从容平常之地，幸须申其情耳。必不可避，亦当忍之。犹如伯叔兄弟，酷类先人，可得终身肠断，与之绝耶？又："临文不讳，庙中不讳，君所无私讳。"益知闻名，须有消息，不必期于颠沛[十]而走也。梁世谢举，甚有声誉，闻讳必哭，为世所讥。又有臧逢世，臧严之子也，笃学修行，不坠门风，孝元经牧江州，遣往建昌督事，郡县民庶，竞修笺书，朝夕辐辏[十一]，几案盈积，书有称"严寒"者，必对之流涕，不省取记，多废公事，物情[十二]怨骇[十三]，竟以不办而退。此并过事也。

近在扬都，有一士人讳审，而与沈氏交结周厚，沈与其书，名而不姓，此非人情也。

凡避讳者，皆须得其同训以代换之：桓公名白，博有五皓[十四]之称；厉王名长，琴有修短之目。不闻谓布帛为布皓，呼肾肠为肾修也。梁武小名阿练，子孙皆呼练为绢；乃谓销炼物为销绢物，恐乖其义。或有讳云者，呼纷纭为纷烟；有讳桐者，呼梧桐树为白铁树，便似戏笑耳。

周公名子曰禽，孔子名儿曰鲤，止在其身，自可无禁。至若卫侯、魏公子、楚太子，皆名虮虱（十五）；长卿名犬子，王修名狗子，上有连及，理未为通。古之所行，今之所笑也。北土多有名儿为驴驹、豚子者，使其自称及兄弟所名，亦何忍哉？前汉有尹翁归，后汉有郑翁归，梁家亦有孔翁归，又有顾翁宠；晋代有许思妣、孟少孤，如此名字，幸当避之。

今人避讳，更急于古。凡名子者，当为孙地。吾亲识中有讳襄、讳友、讳同、讳清、讳和、讳禹，交疏造次（十六），一座百犯，闻者辛苦，无憀赖（十七）焉。

昔司马长卿慕蔺相如，故名相如，顾元叹慕蔡邕，故名雍，而后汉有朱伥字孙卿，许暹字颜回，梁世有庾晏婴、祖孙登，连古人姓为名字，亦鄙事也。

昔刘文饶不忍骂奴为畜产，今世愚人遂以相戏，或有指名为豚犊者。有识傍观，犹欲掩耳，况当之者乎？

近在议曹，共平章（十八）百官秩禄（十九），有一显贵，当世名臣，意嫌所议过厚。齐朝有一两士族文学之人，谓此贵曰：“今日天下大同，须为百代典式，岂得尚作关中旧意？明公定是陶朱公大儿（二十）耳！”彼此欢笑，不以为嫌。

昔侯霸之子孙，称其祖父曰家公；陈思王称其父为家父，母为家母；潘尼称其祖曰家祖：古人之所行，今人之所笑也。今南北风俗，言其祖及二亲，无云家者；田里猥人（二十一），方有此言耳。凡与人言，言己世父，以次第称之，不云家者，以尊于父，不敢家也。凡言姑姊妹女子子（二十二）：已嫁，则以夫氏称之；在室，则以次第称之。言礼成他族，不得云家也。子孙不得称家者，轻略之也。蔡邕书集，呼其姑姊为家姑家姊；班固书集，亦云家孙：今并不行也。

凡与人言，称彼祖父母、世父母、父母及长姑，皆加尊字，自叔父母以下，则加贤字，尊卑之差也。王羲之书，称彼之母与自称己母同，不云尊字，今所非也。

南人冬至岁首，不诣（二十三）丧家；若不修书，则过节束带以申慰。北人至岁之日，重行吊礼；礼无明文，则吾不取。南人宾至不迎，相见捧手而不揖，送客下席而已；北人迎送并至门，相见则揖，皆古之道也，吾善其迎揖。

昔者，王侯自称孤、寡、不穀（二十四），自兹以降，虽孔子圣师，与门人言皆称名也。后虽有臣、仆之称，行者盖亦寡焉。江南轻重，各有谓号，具诸书仪；北人多称名者，乃古之遗风，吾善其称名焉。

言及先人，理当感慕，古者之所易，今人之所难。江南人事不获已，须言阀阅，必以文翰，罕有面论者。北人无何便尔话说，及相访问。如此之事，不可加于人也。人加诸己，则当避之。名位未高，如为勋贵所逼，隐忍方便，速报取了；勿使烦重，感辱祖父。若没，言须及者，则敛容肃坐，称大门中，世父、叔父则称从兄弟门中，兄弟则称亡者子某门中，各以其尊卑轻重为容色之节，皆变于常。若与君言，虽变于色，犹云亡祖亡伯亡叔也。吾见名士，亦有呼其亡兄弟为兄子弟子门中者，亦未为安贴也。北土风俗，都不行此。太山[二十五]羊偘[二十六]，梁初入南；吾近至邺，其兄子肃访偘委曲[二十七]，吾答之云："卿从门中在梁，如此如此。"肃曰："是我亲第七亡叔，非从也。"祖孝徵在坐，先知江南风俗，乃谓之云："贤从弟门中，何故不解？"

古人皆呼伯父叔父，而今世多单呼伯叔。从父兄弟姊妹已孤，而对其前，呼其母为伯叔母，此不可避者也。兄弟之子已孤，与他人言，对孤者前，呼为兄子弟子，颇为不忍；北土人多呼为姪[二十八]。按：尔雅、丧服经、左传，姪虽名通男女，并是对姑之称。晋世已来，始呼叔姪；今呼为姪，于理为胜也。

别易会难，古人所重；江南饯送，下泣言离。有王子侯，梁武帝弟，出为东郡，与武帝别，帝曰："我年已老，与汝分张[二十九]，甚以恻怆。"数行泪下。侯遂密云[三十]，赧然[三十一]而出。坐此[三十二]被责，飘飖[三十三]舟渚[三十四]，一百许日，卒不得去。北间风俗，不屑此事，歧路言离，欢笑分首。然人性自有少涕泪者，肠虽欲绝，目犹烂然；如此之人，不可强责。

凡亲属名称，皆须粉墨[三十五]，不可滥也。无风教者，其父已孤，呼外祖父母与祖父母同，使人为其不喜闻也。虽质于面，皆当加外以别之；父母之世叔父，皆当加其次第以别之；父母之世叔母，皆当加其姓以别之；父母之群从世叔父母及从祖父母，皆当加其爵位若姓以别之。河北士人，皆呼外祖父母为家公家母；江南田里间亦言之。以家代外，非吾所识。

凡宗亲世数，有从父，有从祖，有族祖。江南风俗，自兹已往，高秩[三十六]者，通呼为尊；同昭穆[三十七]者，虽百世犹称兄弟；若对他人称之，皆云族人。河北士人，虽三二十世，犹呼为从伯从叔。梁武帝尝问一中土人曰："卿北人，何故不知有族？"答云："骨肉易疏，不忍言族耳。"当时虽为敏对[三十八]，于礼未通。

吾尝问周弘让曰："父母中外姊妹，何以称之？"周曰："亦呼为丈人。"自古未见丈人之称施于妇人也。吾亲表[三十九]所行，若父属者，为某姓姑；母属者，为某姓姨。中外[四十]丈人之妇，猥俗呼为丈母，士大夫谓之王母、谢母云。而陆机集有与长沙顾母书，乃其从叔母也，今所不行。

齐朝士子，皆呼祖仆射为祖公，全不嫌有所涉也，乃有对面以相戏者。

古者，名以正体，字以表德，名终则讳之，字乃可以为孙氏。孔子弟子记事者，皆称仲尼；吕后微时[四十一]，尝字高祖为季；至汉爰种[四十二]，字其叔父曰丝；王丹与侯霸子语，字霸为君房；江南至今不讳字也。河北士人全不辨之，名亦呼为字，字固呼为字。尚书王元景兄弟，皆号名人，其父名云，字罗汉，一皆讳之，其余不足怪也。

礼间传云："斩缞[四十三]之哭，若往而不反[四十四]；齐缞[四十五]之哭，若往而反；大功[四十六]之哭，三曲[四十七]而偯；小功缌麻[四十八]，哀容可也，此哀之发于声音也。"孝经云："哭不偯。"皆论哭有轻重质文之声也。礼以哭有言者为号，然则哭亦有辞也。江南丧哭，时有哀诉之言耳；山东重丧，则唯呼苍天，期功[四十九]以下，则唯呼痛深，便是号而不哭。

江南凡遭重丧，若相知者，同在城邑，三日不吊则绝之；除丧，虽相遇则避之，怨其不已悯也。有故及道遥者，致书可也；无书亦如之。北俗则不尔。江南凡吊者，主人之外，不识者不执手；识轻服而不识主人，则不于会所而吊，他日修名诣其家。

阴阳家云："辰为水墓，又为土墓，故不得哭。"王充论衡云："辰日不哭，哭则重丧。"今无教者，辰日有丧，不问轻重，举家清谧[五十]，不敢发声，以辞吊客。道书又曰："晦歌朔哭[五十一]，皆当有罪，天夺其算。"丧家朔望[五十二]，哀感弥深，宁当惜寿，又不哭也？亦不谕。

偏傍[五十三]之书，死有归杀。子孙逃窜，莫肯在家；画瓦书符，作诸厌胜[五十四]；丧出之日，门前然火，户外列灰，祓送[五十五]家鬼，章断注连。凡如此比，不近有情，乃儒雅之罪人，弹议[五十六]所当加也。

已孤，而履岁[五十七]及长至[五十八]之节，无父，拜母、祖父母、世叔父母、姑、兄、姊，则皆泣；无母，拜父、外祖父母、舅、姨、兄、姊，亦如之。此人情也。

江左朝臣，子孙初释服[五十九]，朝见二宫[六十]，皆当泣涕；二宫为之改容。

颇有肤色充泽，无哀感者，梁武薄其为人，多被抑退。裴政出服，问讯武帝，贬瘦枯槁（六十一），涕泗滂沱（六十二），武帝目送之曰：“裴之礼不死也。”

二亲既没，所居斋寝（六十三），子与妇弗忍入焉。北朝顿丘李构，母刘氏，夫人亡后，所住之堂，终身锁（六十四）闭，弗忍开入也。夫人，宋广州刺史纂之孙女，故构犹染江南风教。其父奖，为扬州刺史，镇寿春，遇害。构尝与王松年、祖孝徵数人同集谈宴。孝徵善画，遇有纸笔，图写为人。顷之，因割鹿尾，戏截画人以示构，而无他意。构怆然（六十五）动色，便起就马而去。举坐惊骇，莫测其情。祖君寻（六十六）悟，方深反侧（六十七），当时罕有能感此者。吴郡陆襄，父闲被刑，襄终身布衣蔬饭，虽姜菜有切割，皆不忍食；居家惟以掐摘供厨。江宁姚子笃，母以烧死，终身不忍啖炙（六十八）。豫章熊康，父以醉而为奴所杀，终身不复尝酒。然礼缘人情，恩由义断，亲以噎死，亦当不可绝食也。

礼经：父之遗书，母之杯圈（六十九），感其手口之泽，不忍读用。政为常所讲习，雠校缮写（七十），及偏加服用，有迹可思者耳。若寻常坟典（七十一），为生什物，安可悉废之乎？既不读用，无容散逸，惟当缄保（七十二），以留后世耳。

思鲁等第四舅母，亲吴郡张建女也，有第五妹，三岁丧母。灵床（七十三）上屏风，平生旧物，屋漏沾湿，出曝晒之，女子一见，伏床流涕。家人怪其不起，乃往抱持；荐席淹渍（七十四），精神伤怛（七十五），不能饮食。将以问医，医诊脉云：“肠断矣！”因尔便吐血，数日而亡。中外怜之，莫不悲叹。

礼云：“忌日不乐。”正以感慕罔极（七十六），恻怆无聊，故不接外宾，不理众务耳。必能悲惨自居，何限于深藏也？世人或端坐奥室（七十七），不妨言笑，盛营甘美，厚供斋食；迫有急卒，密戚至交，尽无相见之理：盖不知礼意乎！

魏世王修，母以社日亡；来岁社日，修感念哀甚，邻里闻之，为之罢社。今二亲丧亡，偶值伏腊分至（七十八）之节，及月小晦后，忌之外，所经此日，犹应感慕，异于余辰，不预饮宴、闻声乐及行游也。

刘绍、缓、绥，兄弟并为名器（七十九），其父名昭，一生不为照字，惟依尔雅火旁作召耳。然凡文与正讳相犯，当自可避；其有同音异字，不可悉然。刘字之下，即有昭音。吕尚之儿，如不为上；赵壹之子，傥（八十）不作一：便是下笔即妨，是书皆触也。

尝有甲设宴席，请乙为宾；而旦于公庭见乙之子，问之曰：“尊侯早晚（八十一）顾宅？”乙子称其父已往。时以为笑。如此比例，触类慎之，不可陷于轻脱（八十二）。

江南风俗，儿生一期，为制新衣，盥浴装饰，男则用弓矢纸笔，女则刀尺针缕（八十三），并加饮食之物，及珍宝服玩，置之儿前，观其发意所取，以验贪廉愚智，名之为试儿。亲表聚集，致宴享焉。自兹已后，二亲若在，每至此日，尝有酒食之事耳。无教之徒，虽已孤露（八十四），其日皆为供顿（八十五），酣畅声乐，不知有所感伤。梁孝元年少之时，每八月六日载诞（八十六）之辰，常设斋讲；自阮修容（八十七）薨殁之后，此事亦绝。

人有忧疾，则呼天地父母，自古而然。今世讳避，触途急切（八十八）。而江东士庶，痛则称祢（八十九）。祢是父之庙号，父在无容称庙，父殁何容辄呼？苍颉①篇有“偖（九十）”字，训诂云：“痛而呼也，音羽罪反（九十一）。”今北人痛则呼之。声类音于耒反，今南人痛或呼之。此二音随其乡俗，并可行也。

梁世被系劾（九十二）者，子孙弟侄，皆诣阙（九十三）三日，露跣（九十四）陈谢；子孙有官，自陈解职。子则草屩（九十五）粗衣，蓬头垢面，周章（九十六）道路，要候（九十七）执事，叩头流血，申诉冤情。若配徒隶（九十八），诸子并立草庵于所署门，不敢宁宅（九十九），动经旬日，官司驱遣，然后始退。江南诸宪司弹人事，事虽不重，而以教义见辱者，或被轻系而身死狱户者，皆为怨仇，子孙三世不交通矣。到洽为御史中丞，初欲弹刘孝绰，其兄溉先与刘善，苦谏不得，乃诣刘涕泣告别而去。

兵凶战危，非安全之道。古者，天子丧服以临师，将军凿凶门（一百）而出。父祖伯叔，若在军阵，贬损自居，不宜奏乐宴会及婚冠吉庆事也。若居围城之中，憔悴容色，除去饰玩，常为临深履薄之状焉。父母疾笃，医虽贱虽少（一百零一），则涕泣而拜之，以求哀也。梁孝元在江州，尝有不豫（一百零二）；世子方等（一百零三）亲拜中兵参军李猷焉。

四海之人，结为兄弟，亦何容易（一百零四）。必有志均义敌（一百零五），令终如始者，方可议之。一尔（一百零六）之后，命子拜伏，呼为丈人（一百零七），申父友之敬（一百零八）；身事彼亲，亦宜加礼。比见北人，甚轻此节，行路相逢，便定昆季（一百零九），望年观貌，不择是非，至有结父为兄，托子为弟者。

昔者，周公一沐三握发，一饭三吐餐，以接白屋（一百一十）之士，一日所

① 原文为“苍颉”，今统一作“仓颉”。

见者七十余人。晋文公以沐辞竖头须(一百一十一)，致有图反之诮(一百一十二)。门不停宾，古所贵也。失教之家，阍寺无礼，或以主君寝食嗔怒，拒客未通(一百一十三)，江南深以为耻。黄门侍郎裴之礼，号善为士大夫，有如此辈，对(一百一十四)宾杖之；其门生僮仆，接于他人，折旋俯仰(一百一十五)，辞色应对，莫不肃敬，与主无别也。

【注释】

（一）箕帚：畚箕与扫帚，这里指家中洒扫的事情。

（二）匕箸：羹匙和筷子，这里指饮食。

（三）咳唾：咳嗽，吐唾液。

（四）唯诺：应对。

（五）沃盥：wò guàn，浇水洗手。

（六）阡陌：qiān mò，田间小路，用来区分田界。这里泛指区别。

（七）翰墨：笔墨。

（八）瞿：jù，吃惊，这里是说看到容貌和自己父母相像的人就感到吃惊。

（九）恻怆：悲忧、哀伤。

（十）颠沛：颠簸摇荡。这里指听到父母的姓名，为了表示尊重而匆忙走避的样子。

（十一）辐辏：fú còu，形容人或物聚集像车辐集中于车毂一样。这里指老百姓呈报的情况很多。

（十二）物情：这里指人心、民情。

（十三）怨骇：责怪怨恨。

（十四）博有五皓：博，指博彩。古代的一种局戏。五皓，指为了避桓公的讳，而将“白”改成了“皓”。

（十五）虮虱：jǐ shī，虮，虱的幼虫。

（十六）交疏造次：交疏，交情疏浅，交往不深，这里指交往不密切的人；造次，仓促，鲁莽。

（十七）无憀赖：精神无所寄托。这里指让人感到无所适从。

（十八）平章：原指官名，这里指商议处理。

（十九）秩禄：zhì lù，俸禄。

（二十）陶朱公大儿：陶朱公，指范蠡。这里指两位士族文人用陶朱公大儿子因为吝啬金钱没能救出自己的弟弟的典故来讽刺那位嫌百官俸禄过高的显贵名臣。

（二十一）猥人：鄙俗的人。

（二十二）女子子：这里在“女子”后多用一“子”字，表示姑表姊妹，即家中女子生的女儿。

（二十三）诣：yì，到，至。特指到尊长那里去。

（二十四）不穀：穀，gǔ。不穀又作“不谷”，古代诸侯自称之谦辞。和君王称孤道寡一样，“不谷”即为没有收成，谦指自己的道德不足。

（二十五）太山：即泰山。

（二十六）侃：kǎn，古同“侃”。

（二十七）委曲：事情的经过，近况。

（二十八）姪：同“侄”。

（二十九）分张：分别。

（三十）密云：故作悲凄之态，实则并不悲伤。

（三十一）赧然：nǎn rán，羞惭而脸红，难为情的样子。

（三十二）坐此：因此。

（三十三）飘飖：形容动荡、起伏。

（三十四）舟渚：渚，zhǔ，水中小块陆地。这里指船只停泊处。

（三十五）粉墨：指妇女敷面画眉的白粉与黑墨，这里指区分，分别。

（三十六）高秩：优厚的俸禄，高爵位。

（三十七）昭穆：zhāo mù，古代宗法制度，宗庙或宗庙中神主的排列次序，始祖居中，以下子孙分别排在左右两列，左昭右穆。

（三十八）敏对：机敏地回答。

（三十九）亲表：表亲，泛指亲戚。

（四十）中外：即中表。古代称父之姐妹所生子女为外兄弟姐妹，称母之姐妹所生子女为内兄弟姐妹。外为表，内为中，合称“中表”。

（四十一）微时：卑贱而未显达的时候。

（四十二）爰种：西汉大臣爰盎之侄。

（四十三）斩缞：zhǎn cuī，古代五等丧服制第一等。

（四十四）往而不反：只去不回。这里表示哭得死去活来，一心只想跟着去，悲伤的程度最高。

（四十五）齐缞：zī cuī，古代五等丧服制第二等，次于斩缞。

（四十六）大功：古代五等丧服制第三等。

（四十七）三曲：古丧礼的一种哀声。

（四十八）小功缌麻：小功，古代五等丧服制第四等；缌麻，古代五等丧服制第五等。

（四十九）期功：期，服丧一年。这里指大功、小功和缌麻。

（五十）清谧：qīng mì，清静，安宁。

（五十一）晦歌朔哭：晦，huì，阴历每月末的一天；朔，shuò，阴历每月初一。

（五十二）望：阴历每月十五。

（五十三）偏傍：旁门左道。

（五十四）厌胜：古代一种巫术，谓能以诅咒制胜，压服人或物，辟邪趋吉。

（五十五）祓送：fú sòng，祭送。

（五十六）弹议：批评议论。

（五十七）履岁：指元旦。

（五十八）长至：指夏至。夏至白昼最长，故称。也有指冬至的，如《太平御览·卷二八·时序部·冬至》："后魏崔浩女仪曰：'近古妇人，常以冬至日上履袜于舅姑，践长至之义也。'"即冬至日媳妇给公婆送鞋袜的风俗，和本文中的意思相当。

（五十九）释服：除去丧服，谓除丧。

（六十）二宫：两座宫室，常用以代指住在其中的人。这里指皇帝与太子。

（六十一）贬瘦枯槁：贬瘦，消瘦；枯槁，kū gǎo，形容憔悴。

（六十二）涕泗滂沱：涕泗，tì sì，眼泪和鼻涕；滂沱，pāng tuó，雨势盛大的样子。这里指泪多的样子，表示很悲痛。

（六十三）斋寝：王利器在《颜氏家训集解》中认为是斋戒时所居之旁屋。这里指父母去世，儿女不忍心去他们生前居住的房屋，以免睹物思人，悲从中来。

（六十四）鏁：suǒ，同"锁"。

（六十五）怆然：悲伤哀痛的样子。

（六十六）寻：随后，顷刻，不久。

（六十七）反侧：不安的样子。

（六十八）啖炙：啖，dàn，吃；炙，zhì，烤肉。

（六十九）杯圈：形状弯曲的木制饮酒器，常为妇人所用，成语有"杯圈之思"。

（七十）雠校缮写：雠校，chóu jiào，校对文字；缮写，shàn xiě，誊写，抄写。

（七十一）坟典：三坟五典的简称，后为古代典籍的通称。

（七十二）缄保：封存。

（七十三）灵床：放置灵牌和祭品的桌子。

（七十四）荐席淹渍：淹渍，浸泡，淹浸。这里指泪水把席子浸泡了，形容悲伤过度。

（七十五）怛：dá，忧伤，悲苦。

（七十六）感慕罔极：感慕，感念思慕；罔极，无穷尽，无边际，这里指人子对于父母的无穷哀思。

（七十七）奥室：内室，深宅。

（七十八）伏腊分至：伏腊，指伏祭和腊祭之日，或泛指节日；分至，指春分、秋分、冬至、夏至。这里统称节日。

（七十九）名器：名人，人才，国家的栋梁。

（八十）傥：同"倘"。如果，假如。

（八十一）早晚：早晚，何时。

（八十二）轻脱：态度轻佻。

（八十三）刀尺针缕：刀，剪刀；缕，线。

（八十四）孤露：孤单无所荫庇，指丧父、丧母，或父母双亡。

（八十五）供顿：设宴待客。

（八十六）载诞：记载诞辰。

（八十七）阮修容：原名石令嬴，梁武帝萧衍妃，梁元帝萧绎母。赐姓为阮，史称“阮修容”。

（八十八）触途急切：触途，亦作“触涂”，指处处，各处；急切，紧急迫切。这里形容六朝时期人们对父母先人的避讳比前人有过之而无不及。

（八十九）祢，mí，古代对已在宗庙中立牌位的亡父的称谓。

（九十）傜：yáo，呻吟声，痛呼声。

（九十一）反：反切。反切法是中国古代的一种双拼制注音法，即反切上字取“声”，下字取“韵”和“调”。

（九十二）系劾：xì hé，囚禁论罪。

（九十三）诣阙：yì què，在京官员赴朝堂，外地官员赴京都。这里指罪臣的子女向天子请罪申诉。

（九十四）露跣：lù xiǎn，露髻赤足，表示有罪。

（九十五）屩：juē，草鞋。

（九十六）周章：仓皇惊恐的样子。

（九十七）要候：中途等候，迎候。

（九十八）徒隶：服劳役的狱囚。

（九十九）宁宅：安居。

（一百）凶门：古代将军出阵时，从北门出发，并以丧礼处之，以示必死的决心。故后称北门为“凶门”。这和前一句“天子丧服以临师”是一个意思，都是指情况危急，抱必死之决心，以振士气。

（一百零一）虽贱虽少：贱、少，指地位卑下或年少。

（一百零二）不豫：天子有病的讳称，泛指尊长有疾。

（一百零三）世子方等：指梁元帝萧绎之子萧方等，字实相。

（一百零四）亦何容易：谈何容易。

（一百零五）志均义敌：均、敌，对等。这里指两人志同道合，忠义匹配，才能称为兄弟。

（一百零六）一尔：顷刻之间。

（一百零七）丈人：老年人，老成的人，对人的尊称。

（一百零八）申父友之敬：这里指表示出对父辈和兄弟好友一样的敬意。

（一百零九）昆季：兄弟。长为昆，幼为季。

（一百一十）白屋：以干茅草覆盖的房屋。古代指平民的住屋。

（一百一十一）竖头须：本名头须，竖头须系别名。春秋时为晋文公管理钱财的小臣，重耳流亡之际，头须没有跟从，重耳回国，头须请见，重耳以洗头为名拒绝接见，头须机敏，说洗头时心是倒过来的，所以说的话也应该是反的，再则，跟着逃亡的是牵马的仆人，留在国内的是守卫国家的，国君跟一个普通人记仇，会寒了天下的心。晋文公闻之，立见。

（一百一十二）诮：qiào，责备，嘲讽。

（一百一十三）未通：没有通报。

（一百一十四）对：当面。

（一百一十五）折旋：shé xuán，曲行，古代行礼时的动作。

【今解】

31. 平衡传统与变革

> “及世事变改者，学达君子，自为节度，相承行之，故世号士大夫风操。而家门颇有不同，所见互称长短；然其阡陌，亦自可知。”
>
> ——颜之推《颜氏家训·风操》

中国自周朝开始制礼作乐，形成了一整套涉及人们生活的行为规范，也通过礼乐管理国家、治理社会，每个人在生活中都能做到言行举止有礼有节，因此中国被称为礼仪之邦。

在东周末期，孔子已经发出礼崩乐坏的感慨。到了魏晋南北朝时期，再教条地恢复前代的各种礼仪规范似乎已经既不可能也没有必要。按照颜之推的观点，士大夫要能顺应时代的变化根据前人的智慧传承，应时而变。

颜之推认为，在动乱时代，整个国家的统一约束能力下降，当统一的要求没了，每个家庭就应该根据自家情况去学习、传承。有远见的家庭不能任由子孙发展，而是要以家庭为核心约束、指导家庭成员，这就是一个家庭的风度、节操，也就是家风。

接着，颜之推又客观地说，每个家庭实际情况不同，对这些规范的认识不相同，对家人提出的要求也就不同，但是无论个性化的差异有多大，总的核心观念还是差不多的。

这样的观点对今天的家庭教育也很有启发。在多元文化和思想的影响下，人们的思想越来越开放，行为举止的尺度各不相同，只要不违反法律和公序良俗就行。每个家庭都拥有一套自己可接受和倡导的规范，但是不能违背社会发展和人们共同生活的核心价值。

继承传统与开放融合需要取得平衡，要传承优秀文化传统的精神，而不要拘泥于一招一式；要开放包容，而不要迷失自我，这样的平衡对于当今社会的家庭教育价值取向而言也是重要的原则。

32. 平衡尊贤与个性

“言及先人，理当感慕，古者之所易，今人之所难。”

——颜之推《颜氏家训·风操》

在“风操”篇中，颜之推从当时的实际情况出发，论述了对孝、名讳、称谓等流行风尚的看法，他认为讲究门风、节操是时代和社会的要求，既要继承又要革新，这两者需要取得平衡。

在现代社会，一些家庭认为对孩子要民主、平等，把应有的亲子间的礼仪都丢弃了。有的家庭让孩子直呼父母的姓名，甚至孩子直呼别的长者姓名时，父母也不予干涉，甚至美其名曰“对孩子的解放”，认为名字就是大家叫的，为何不可让孩子叫。这样的教育看起来是尊重儿童，实质上是害了孩子，因为只要有人类社会存在，就会有先进与后学，就会存在群体中的长幼之分。对长者表达敬意并不会阻碍孩子心灵的舒展，也不会阻碍孩子的创造，更不是我们有些人说的“奴化”。反而，尊崇礼仪和拥有感恩心理的孩子更容易用一颗谦和的心去虚怀如谷地接受知识，而不是自以为是地排斥一切。

还有一种情况是一些父母看到了孩子存在的问题，但又不根据当下社会实际，而是简单地模仿或照搬古书，希望通过恢复一些古代礼仪来教导孩子，于是出现了很多学校和机构弄的“四不像”的礼仪教育活动。这些活动既没有过去时代的背景，也没有当代社会的土壤，最后变得不伦不类。

当下时代应该有当下时代的礼仪规范，它既反映中华民族悠久的文化传统，也符合现代社会、人与人交往的时代特征，《论语》中提及的“礼之用，和为贵”这一原则，在现代社会依然有其指导意义，这需要现代父母敏感地总结并引导孩子加以练习。

33. 平衡共性与差异

“然人性自有少涕泪者，肠虽欲绝，目犹烂然；如此之人，不可强责。”

——颜之推《颜氏家训·风操》

在特定的场合，人们需要有特定的礼仪与行为，如别人有喜事，我们该真诚地微笑并表示祝贺，否则会让人误解我们不能分享他的喜悦；如别人有丧事，我们应该保持肃穆，并表示哀痛，如果这个时候不合时宜地嘴角上翘，就会造成极大的误解，让别人认为我们铁石心肠、不人道。

回到文本中来，颜之推在这里很清晰地表达了他对这个问题的认识，他的认识具有人文情怀。在他看来，人与人是有差异的，在面对同一件事时的表现具有强烈的个体性。有些人面对再大的悲痛就是哭不出来，对于这样的人，我们不需要责备，而应该给予更多的宽容。

这一点对今天我们培养孩子依然有着重要的意义。我们生活在一个多元的时代，人和人之间的差异、国与国之间的差异、民族与民族之间的差异被尊重甚至被鼓励。在这样的时代，我们不仅需要尊重差异，甚至还需要鼓励差异和创造差异。

这里我们着重讨论的是如何尊重差异，不要以“刻板印象”来看待我们身边的人和事，更不应该将对某个群体的认识套用在另一个群体上，否则误解就会成为必然。

父母在家庭教育中要首先做到尊重差异，从尊重祖辈与自己育儿理念的差异开始，到尊重夫妻之间生活方式的差异，再到尊重孩子之间个性与能力的差异等。其次，在孩子上学后，父母要引导孩子理解不同教师教学风格、个性的差异等，帮助孩子学会与不同类型的教师互动，从而获得多元化的成长。

在孩子与同伴交往的过程中，父母可以利用孩子们在互动过程中发生的典型事件，引导孩子理解同伴与自己的差异，同时鼓励孩子学会采用不同的方式与不同的伙伴交往。

世界的丰富性来源于人的差异性，培养孩子的适应能力与获得幸福能力正是引导孩子学会在差异中生存的一种重要途径。

七、“慕贤”篇

【原文】

古人云：“千载一圣，犹旦暮(一)也；五百年一贤，犹比髆(二)也。”言圣贤之难得，疏阔(三)如此。傥(四)遭不世(五)明达君子，安可不攀附景仰之乎？吾生于乱世，长于戎马，流离播越(六)，闻见已多；所值(七)名贤，未尝不心醉魂迷向慕之也。人在年少，神情未定，所与款狎(八)，熏渍陶染(九)，言笑举动，无心于学，潜移暗化，自然似之。何况操履艺能(十)，较明(十一)易习者也？是以与善人居，如入芝兰之室，久而自芳也；与恶人居，如入鲍鱼之肆，久而自臭也。墨子悲(十二)于染丝，是之谓矣。君子必慎交游焉。孔子曰：“无友不如己者。”颜、闵(十三)之徒，何可世得！但优于我，便足贵之。

世人多蔽(十四)，贵耳贱目，重遥轻近。少长周旋(十五)，如有贤哲，每相狎侮(十六)，不加礼敬。他乡异县，微藉风声，延颈企踵(十七)，甚于饥渴。校其长短，核其精粗，或彼不能如此矣。所以鲁人谓孔子为东家丘，昔虞国宫之奇，少长于君，君狎之，不纳其谏，以至亡国，不可不留心也。

【注释】

（一）旦暮：朝夕，比喻时间短暂。

（二）比髆：这里指密集的意思。

（三）疏阔：稀疏宽阔。

（四）傥：同“倘”。

（五）不世：世所罕有。

（六）流离播越：流离，流亡离散；播越，逃亡，流离失所。这里指流转迁徙。

（七）值：遇到，逢着。

（八）款狎：行为放荡。

（九）熏渍陶染：熏渍，xūn zì，熏染浸渍；陶染，熏陶感染。

（十）操履艺能：操履，素行，平日所遵守及履行的事；艺能，技艺才能。

（十一）较明：明显，明白。

（十二）悲：感叹。

（十三）颜、闵：颜，颜回；闵，闵损。二人均为春秋时期鲁国人，孔子弟子。

（十四）蔽：蒙蔽。此处引申为偏见。

（十五）少长周旋：少长，年少的和年长的，这里指从小到大；周旋，本为古代行礼时进退揖让的动作，后引申为应酬、交际。这里指一起长大的熟悉的人。

（十六）狎侮：轻慢，戏弄，恶作剧。这里指人们对与自己一起长大的熟悉的人，即使他才华出众、品行高洁，也不容易加以尊重。

（十七）延颈企踵：伸长脖子，踮起脚跟。形容热切期望的样子。

【今解】

34. 平衡择友与交友

“人在年少，神情未定，所与款狎，熏渍陶染，言笑举动，无心于学，潜移暗化，自然似之。何况操履艺能，较明易习者也？是以与善人居，如入芝兰之室，久而自芳也；与恶人居，如入鲍鱼之肆，久而自臭也。墨子悲于染丝，是之谓矣。君子必慎交游焉。孔子曰：‘无友不如己者。’”

——颜之推《颜氏家训·慕贤》

人的成长有其规律，总是从不成熟到成熟。在不成熟阶段，人容易受环境影响，环境对人的影响常常超过很多有意识的教育。

基于以上判断，父母不能不关注孩子的成长环境。成长环境包括物理环境和人文环境。在这里颜之推主要论述了人文环境，确切地说是与谁交往的问题。

环境对人的影响很多时候是潜移默化的，当然，接受教育，某种意义上就是学会认清环境，把握自己，对自己所处的环境有清醒的认识，并做出正确的选择，而不是被环境所牵制。

在孩子“年少，神情未定”时，父母应当为孩子的成长创造优良的环境，引导孩子学会交友。

要注意，不要让孩子功利性地交友，不要用单一维度（如学业）判断孩子的朋友，而应按照“无友不如己者”“三人行，必有我师焉”的标准，理性引导孩子发现身边每个人的优点，从而“择其善者而从之，其不善者而改之”。

心理学研究表明，孩子交友倾向也和家庭氛围以及教养方式有关。如果孩子生活在关系紧张、冲突不断的家庭中，很容易就会疏远家人，到社会上结交给予他们温暖关怀的人，危险常蕴藏其中。

35. 平衡近友与远贤

“世人多蔽，贵耳贱目，重遥轻近。少长周旋，如有贤哲，每相狎侮，不加礼敬。他乡异县，微藉风声，延颈企踵，甚于饥渴。校其长短，核其精粗，或彼不能如此矣。所以鲁人谓孔子为东家丘，昔虞国宫之奇，少长于君，君狎之，不纳其谏，以至亡国，不可不留心也。”

——颜之推《颜氏家训·慕贤》

父母是孩子最亲近的人，而最亲近的人很容易被忽略，这样的“忽略”会延伸到其他家人，甚至是亲近的朋友。

不光孩子如此，成人也不例外，我们常常在外面听到别人的建议很受用，却忽略了自家人的类似建议。正如俗话所说：“别人的话当圣旨，自家话当废纸。”

颜之推也观察到这样的现象，他认为人们常常对身边的贤人或者有道德、有学问的人不加重视，总是认为不足为奇，而对远方自己不熟悉的人的点滴成就敬仰有加。据说鲁国人就很不敬地称孔子为“东家丘”，看来“墙内开花墙外香”的现象由来已久。

这可能是因为人们对身边的同乡、同学、同事等太熟悉，知道他们的一些不足之处，从而不予重视；也可能是自私和虚荣的心理在作怪，因为身边人的成就会让自己感到压力，从而有意贬低与忽视他们。

因此，父母要从小引导孩子客观对待身边的家人和同学，认真倾听身边人的建议，欣赏身边人的智慧，为身边人的进步与成绩而鼓掌，不能因为熟悉就疏忽他们的高论，或者贬低他们提出的观点的价值。父母可以经常鼓励孩子说说同学让自己佩服的方面，引导孩子不因身边人的点滴不足就全盘否定他们。

只有真正尊重身边人的价值，才会培养孩子客观评价他人的能力，也才能理性看待自己的优缺点。

【原文】

用其言，弃其身，古人所耻。凡有一言一行，取于人者，皆显称之，不可窃人之美，以为己力；虽轻虽贱者，必归功焉。窃人之财，刑辟之所处；窃人之美，鬼神之所责。

梁孝元前在荆州，有丁觇者，洪亭民耳，颇善属文，殊工[一]草隶；孝元书记，一皆使之。军府轻贱，多未之重，耻令子弟以为楷法，时云：“丁君十纸，不敌王褒数字。”吾雅爱其手迹，常所宝持[二]。孝元尝遣典签惠编送文章示萧祭酒[三]，祭酒问云：“君王比赐书翰，及写诗笔，殊为佳手，姓名为谁？那得[四]都无声问[五]？”编以实答。子云叹曰：“此人后生无比，遂不为世所称，亦是奇事。”于是闻者稍复刮目。稍仕至尚书仪曹郎，末为晋安王侍读，随王东下。及西台[六]陷殁，简牍湮散，丁亦寻卒于扬州[七]；前所轻者，后思一纸，不可得矣。

侯景初入建业，台门虽闭，公私草扰[八]，各不自全。太子左卫率羊侃坐东掖门，部分[九]经略[十]，一宿皆办，遂得百余日抗拒凶逆。于时，城内四万许人，王公朝士，不下一百，便是恃偪一人安之，其相去如此。古人云："巢父、许由，让于天下；市道小人，争一钱之利。"亦已悬(十一)矣。

齐文宣帝即位数年，便沉湎纵恣(十二)，略无纲纪；尚能委政尚书令杨遵彦，内外清谧，朝野晏如(十三)，各得其所，物无异议，终天保之朝。遵彦后为孝昭所戮，刑政(十四)于是衰矣。斛律明月，齐朝折冲(十五)之臣，无罪被诛，将士解体，周人始有吞齐之志，关中至今誉之。此人用兵，岂止万夫之望而已也！国之存亡，系其生死。

张延儁之为晋州行台(十六)左丞，匡维(十七)主将，镇抚疆埸，储积器用，爱活(十八)黎民，隐若敌国(十九)矣。群小不得行志，同力迁之；既代之后，公私扰乱，周师一举，此镇先平。齐亡之迹，启于是矣。

【注释】

（一）殊工：殊，十分，特别；工，善于，长于。

（二）宝持：珍重保存。

（三）祭酒：指梁元帝时祭酒萧子云。

（四）那得：怎得，怎会，怎能。

（五）声问：声誉，名声。

（六）西台：台即台省，南北朝时称中央政府为台省。梁元帝在江陵称帝，江陵在建康以西，故称西台。元帝承圣三年（554），西魏攻陷江陵，杀元帝，即这里所说的"西台陷殁"。下文"台门"即指朝廷禁近的台城之门，官军为台军，使者为台使。

（七）扬州：指扬州治所建康，即今南京。

（八）草扰：仓促纷乱。

（九）部分：部署处分，即镇守。

（十）经略：筹划治理。

（十一）悬：距离远，差距大。

（十二）沉湎纵恣：指潜心于某种事物，处于某种境界或思想活动中，多指嗜酒。

（十三）晏如：安定，安宁，恬适。

（十四）刑政：刑法政令。

（十五）折冲：打退敌人攻城的战车，指克敌制胜。

（十六）行台：朝廷遣大臣督诸军于外。

（十七）匡维：帮助维护。

（十八）爱活：爱护救助。

（十九）隐若敌国：隐，威严庄重的样子；若，像；敌，匹敌，同等。指对国家起举足轻重作用的人。

【今解】

36. 平衡诚实与虚名

> “用其言，弃其身，古人所耻。凡有一言一行，取于人者，皆显称之，不可窃人之美，以为己力；虽轻虽贱者，必归功焉。窃人之财，刑辟之所处；窃人之美，鬼神之所责。”
>
> ——颜之推《颜氏家训·慕贤》

诚实是非常重要的品格，也是我们需要努力培养的一种能力。说诚实是能力，是因为很多时候我们不是不知道怎么做，不是不知道什么是对错，但就是很难突破自我，实现自我超越，即所谓“知易行难”。

人有时候容易迷失自我，主要原因是人会本能地趋利避害，这是不需要后天训练就能自动产生的心理倾向。因此，人应当学会根据一定的价值取向对想要趋利避害的内容进行选择，将不符合道德伦理的内容删除，控制自己的欲望，训练自己做一个遵循内心价值的人。

我们的学校教育往往侧重价值认知的判断，学生遵循价值所产生的行动不容易得到训练，这需要在生活中通过点滴的经历去慢慢修炼，这就是要加强家校合作的一个重要原因。否则，我们培养出的孩子只是能说会道、能写会考，却少见行动，不足以提升国民整体素质。

颜之推在“慕贤”篇中提出，在说话、写文章时如果引用了别人的观点却不加以说明，这和盗取财物是一样的。盗取财物会受到法律制裁，而“窃人之美”只会受到良心或者舆论的谴责。当然，现代社会有知识产权法保护人类智力劳动成果。

我这里不是想讨论法律问题，而是强调父母应重点关注培养孩子诚实、恭敬的能力对个人发展的影响。如现在的学校教育对考试作弊都是零容忍，除了道德方面的考虑，还因为侥幸心理会对孩子的进取心造成消极影响。但是，有些父母为了让孩子获得各种荣誉会不择手段，如通过自己的影响力、财力等疏通关系，甚至帮助孩子做假材料来谋取不正当利益等。这些“立竿见影”的做法，会对孩子的成长造成侵害，需要家长引起重视。

37. 平衡地位与实学

“梁孝元前在荆州，有丁觇者，洪亭民耳，颇善属文，殊工草隶；孝元书记，一皆使之。军府轻贱，多未之重，耻令子弟以为楷法……前所轻者，后思一纸，不可得矣。”

——颜之推《颜氏家训·慕贤》

按照正常逻辑，一个人在社会上的地位应该能反映其水平，应该是“能者上、庸者下”的局面。因此，人们总是会不由自主地认为地位高、有成就、有声望的就应该是能力强的，就应该是值得推崇的；反之，籍籍无名、没身份地位的就应该是平庸之辈，不值得“楷法”，甚至不予尊重。对社会运行规则处于绝对化理解阶段的孩子包括一些涉世未深的大学生也是如此，他们往往尊重有名望、有身份、有显赫标签的大人物，却很少愿意尊敬给他们上课的普通教师。

颜之推在“慕贤”篇中举了一个例子，丁觇擅长书法，但因地位不显，官阶不高，军府上下都瞧不起他，不让自己的子孙模仿他的字，后来丁觇死了，他的大部分字都被战火烧毁，想找到他的一张字，极难。

因此，父母要教导孩子根据真才实学认识一个人，而不用从地位认识一个人。因为一个人的地位不仅与其能力有关，也与机遇有关。东汉王充在《论衡》中有论：“处尊居显，未必贤，遇也；位卑在下，未必愚，不遇也。”一个人的成功取决于真才实学和机遇，两者缺一不可。有实学而缺机遇的人可能会被埋没，这在生活中十分常见。家长在日常评价别人时，要有意识引导孩子尊重身边的普通人，让孩子从小拥有辩证的识人眼光。

当然，如何拨开识人的迷雾，这本身就是学问，需要我们有足够的学识和阅历才行，否则只能根据表象判断或者人云亦云而已。

卷第三

八、“勉学”篇

【原文】

自古明王圣帝犹须勤学，况凡庶(一)乎！此事遍于经史，吾亦不能郑重(二)，聊举近世切要(三)，以启寤(四)汝耳。士大夫子弟，数岁已上，莫不被教，多者或至礼、传，少者不失诗、论。及至冠婚(五)，体性(六)稍定；因此天机，倍须训诱。有志尚者，遂能磨砺，以就素业(七)；无履立(八)者，自兹堕慢(九)，便为凡人。人生在世，会当有业：农民则计量耕稼，商贾则讨论货贿(十)，工巧则致精器用，伎艺则沉思(十一)法术，武夫则惯习弓马，文士则讲议经书。多见士大夫耻涉农商，差务工伎，射则不能穿札(十二)，笔则才记姓名，饱食醉酒，忽忽无事，以此销日，以此终年。或因家世余绪(十三)，得一阶半级，便自为足，全忘修学；及有吉凶大事，议论得失，蒙然张口，如坐云雾；公私宴集，谈古赋诗，塞默低头，欠伸(十四)而已。有识旁观，代其入地(十五)。何惜数年勤学，长受一生愧辱哉！

梁朝全盛之时，贵游(十六)子弟，多无学术，至于谚云：“上车不落则著作，体中何如(十七)则秘书(十八)。”无不熏衣剃面，傅粉施朱，驾长檐车(十九)，跟高齿屐，坐棋子方褥，凭斑丝隐囊(二十)，列器玩于左右，从容出入，望若神仙。明经求第，则顾(二十一)人答策；三九公宴，则假手赋诗。当尔之时，亦快士(二十二)也。及离乱之后，朝市迁革(二十三)，铨衡(二十四)选举，非复曩者(二十五)之亲；当路秉权，不见昔时之党。求诸身而无所得，施之世而无所用。被褐(二十六)而丧珠，失皮而露质，兀(二十七)若枯木，泊(二十八)若穷流，鹿独(二十九)戎马之间，转死(三十)沟壑之际。当尔之时，诚驽材(三十一)也。有学艺者，触地而安[三十二]。自荒乱已来，诸见俘虏。虽百世小人，知读论语、孝经者，尚为人师；虽千载冠冕[三十三]，不晓书记者，莫不耕田养马。以此观之，安可不自勉耶？若能常保数百卷书，千载终不为小人也。

【注释】

（一）凡庶：平民，老百姓。

（二）郑重：再三，反复强调。

（三）切要：要领，纲要。

（四）寤：通“悟”。觉悟。

（五）冠婚：指冠礼与婚礼。

（六）体性：性格，性情。

（七）素业：先世所遗之业。旧时多指儒业。

（八）履立：操守。

（九）堕慢：怠惰散漫。

（十）货贿：金玉曰“货”，布帛曰“贿”。通指财货，财物。

（十一）沉思：认真、深入地思考。

（十二）札：武士胄甲上由皮革或金属制成的甲叶。

（十三）余绪：剩余的资产或才学。这里指祖上余荫。

（十四）欠伸：张嘴哈气伸懒腰。

（十五）入地：钻入地下。形容十分羞惭。

（十六）贵游：指无官职的王公贵族。亦泛指显贵者。

（十七）体中何如：一般指写信时的客套语，这里形容贵族子弟无实质才华，只能写一般问候起居的书信。

（十八）秘书：秘书郎。“秘书”与上文的“著作”都是官名，是南朝士族子弟入门的官职。

（十九）长檐车：通幔车。

（二十）隐囊：供人倚伏的软囊。犹今靠枕、靠褥之类。

（二十一）顾：同“雇”。

（二十二）快士：豪爽之士，杰出人士。

（二十三）朝市迁革：朝市，朝廷；迁革，变革，变化。这里指改朝换代。

（二十四）铨衡：quán héng，考核、选拔（人才）。

（二十五）曩者：曩，nǎng，以往。亲信。

（二十六）被褐：穿粗布衣服，指处境困难、贫贱的人。

（二十七）兀：笔挺地站着。
（二十八）泊：水浅的样子。
（二十九）鹿独：落拓，颠沛流离貌。
（三十）转死：死而弃尸。
（三十一）驽材：平庸低劣之材。
（三十二）触地而安：触地，遍地，到处。随遇而安，就地而安。
（三十三）冠冕：guān miǎn，仕宦，又指高官高位。

【今解】

38. 平衡童蒙幼学与终身学习

> “及至冠婚，体性稍定；因此天机，倍须训诱。有志尚者，遂能磨砺，以就素业；无履立者，自兹堕慢，便为凡人。”
>
> ——颜之推《颜氏家训·勉学》

很多成年人认为学习是幼童、学生的事情，甚至有些人以学习为耻：“这么大了，还学什么？”

孩子从小就要学习，这一点从古到今都没有异议。学习是孩子的“主业”，孩子通过学习获得知识，将来能够自立，获得成就。学习在很多人心中成了某一个阶段独有的事。

在颜之推看来，一个人的学习固然要从小抓起，做好早期开蒙，成年后的教育引导也是需要重视的。“冠”是指男子二十岁的加冠成年礼，此时人的身体已经成熟、性格已经定型，正是学习或者获得技能的大好时机，父母应“倍须训诱”，让子女多加磨砺，从而成就一番事业。

这样的论述和忠告对现在的家庭和父母尤有意义。现在的教育现状是孩子越小压力越大，在孩子心智不成熟、不懂学习的意义时，父母喜欢给他们讲太多竞争与学业的重要性，而到了孩子真正需要学习、能够承担学业负担的年龄时，大部分父母反而放手不管了，子女也因此放松了自我要求。这在大学十分常见，很多高考时获得高分的学生在大学期间放松了自我要求，不再勤奋学习，最终不是不能正常毕业，就是失去学业方面的优势，成为庸碌之人。

从这里看，一个人无论有没有志向与自控力，都需要倍加磨砺，不可放松。父母不要奢望教导一番，子女就能明白道理并坚持下去，而应坚持督促，子女方能不偏离方向。有些人即使有一定的志向，到了成年后，也一样需要磨砺，必须经过严格的训练从而获得一定的专长，取得一定的成就。

上学了，读书了，有知识了，不一定有好的职位与成就，因为好的职位和成就还和机遇、环境等有着千丝万缕的关系，但是如果一个人有了知识，在机遇来临时，他就能抓住，从而获得成功。从整体看来，一个人要想长久地获得进步与机会，是需要真才实学的。

只有保持终身学习的习惯，我们才能保持长久的活力与发展能力，这一点在快速发展的现代社会尤为明显，可能不需要几代人，在一个人的一生中就能印证因果。

39. 平衡读书与命运

> "有学艺者，触地而安。自荒乱已来，诸见俘虏。虽百世小人，知读《论语》《孝经》者，尚为人师；虽千载冠冕，不晓书记者，莫不耕田养马。以此观之，安可不自勉耶？若能常保数百卷书，千载终不为小人也。"
>
> ——颜之推《颜氏家训·勉学》

在这里，颜之推对比了不学无术的贵族子弟与读了书的普通百姓的命运差别。在王朝的鼎盛时代，贵族子弟再无才也能凭借着身份和地位维持着奢华的生活和显赫的地位，但是只要遇到朝代更替，原有的地位被剥夺，这些人不是沦落为布衣就是死在兵荒马乱之中。在战争后，一些有知识、通晓经典的俘虏会被挑出来成为富贵人家的家庭教师，从而改变自己的命运。

颜之推的文字里透露出他的历史局限性，如等级贵贱的思想，他认为贵族子弟只有读书了才能不沦为小人（百姓），但这丝毫不影响我们今天理解他勉励子孙勤学的思想。同时，颜之推因为生活在南北朝这动荡的时代，在有限的生命历程中就能洞悉需要时间积淀的人生智慧，这样的智慧在和平时代显得尤为珍贵。

现在，有很多父母在好的时代中富裕起来了，不希望自己的孩子吃苦求学，就利用手中的资源帮孩子安排好一切。这种做法看起来是爱孩子，实质上是害孩子：孩子的持久幸福只有靠自己去努力争取与维持，父母能给的只是一时的机会。

所以，如果将读书求学的精神形成家风，代代传承，应该是长辈给子孙最好的“护身符”了。

【原文】

夫明“六经”之指，涉百家之书，纵不能增益德行，敦厉(一)风俗，犹为一艺，得以自资。父兄不可常依，乡国不可常保，一旦流离，无人庇荫(二)，当自求诸身耳。谚曰：“积财千万，不如薄伎(三)在身。”伎之易习而可贵者，无过(四)读书也。世人不问愚智，皆欲识人之多，见事之广，而不肯读书，是犹求饱而懒营馔(五)，欲暖而惰裁衣也。夫读书之人，自羲、农(六)已来，宇宙之下，凡识几人，凡见几事，生民之成败好恶，固不足论，天地所不能藏，鬼神所不能隐也。

有客难主人曰：“吾见强弩长戟，诛罪安民，以取公侯者有矣；文义习吏，匡时富国，以取卿相者有矣；学备古今，才兼文武，身无禄位，妻子饥寒者，不可胜数，安足贵学乎？”主人对曰：“夫命之穷达，犹金玉木石也；修以学艺，犹磨莹(七)雕刻也。金玉之磨莹，自美其矿璞(八)；木石之段块，自丑其雕刻。安可言木石之雕刻，乃胜金玉之矿璞哉？不得以有学之贫贱，比于无学之富贵也。且负甲(九)为兵，咋笔(十)为吏，身死名灭者如牛毛，角立杰出者如芝草；握素披黄(十一)，吟道咏德，苦辛无益者如日蚀(十二)，逸乐名利者如秋荼(十三)，岂得同年而语矣。且又闻之：生而知之者上，学而知之者次。所以学者，欲其多知明达耳。必有天才，拔群出类，为将则暗(十四)与孙武、吴起同术，执政则悬(十五)得管仲、子产之教，虽未读书，吾亦谓之学矣。今子即不能然，不师古之踪迹，犹蒙被而卧耳。”

【注释】

（一）敦厉：亦作“敦励”。劝勉，勉励。

（二）庇荫：保护。

（三）伎：同“技”。

（四）无过：不会超过。

（五）营馔：yíng zhuàn，置办膳食。

（六）羲、农：伏羲、神农。

（七）磨莹：磨冶使光亮。

（八）矿璞：指未经炼制的铜铁矿石。

（九）负甲：身披铠甲。

（十）咋笔：咋，zé，咬住。古人构思为文时常以口咬笔杆，这里指操笔。

（十一）握素披黄：素，白绢，古代用以书写；黄，雌黄。泛指勤于写作、校勘。

（十二）日蚀：这里比喻勤奋笃学而没有收益的情况十分罕见。

（十三）秋荼：荼，tú，荼花。荼到秋天花叶繁茂，因以秋荼比喻繁多。这里表示贪图安逸、追逐名利的人众多。

（十四）暗：暗地里。

（十五）悬：这里指预先就有了某种才能。

【今解】

40. 平衡读书与体验

“世人不问愚智，皆欲识人之多，见事之广，而不肯读书，是犹求饱而懒营馔，欲暖而惰裁衣也。夫读书之人，自羲、农已来，宇宙之下，凡识几人，凡见几事，生民之成败好恶，固不足论，天地所不能藏，鬼神所不能隐也。”

——颜之推《颜氏家训·勉学》

颜之推生在乱世，当时政权更迭频繁，他看多了人世间的悲剧，体验了家族兴衰以及个人荣辱，为了探寻“长依”和“长保”之法，他认为家人和“乡国”都不足以依靠，唯一能依靠的只有自己，即“自求诸身”。在自求自保的过程中，他认为“伎（技）”很重要，这样的观念和智慧直到现在还被屡屡提及，如民间素有“荒年饿不死手艺人”之说。

见多识广是人们的追求，越是重视孩子教育的父母越认同让孩子增广见闻，有条件的家庭总是试着利用假期带孩子旅游，但是很多时候既不了解游玩地方的背景，又不深入当地生活体验人文风俗，钱和时间都花了不少，可孩子就是没有真正的收获。

按照颜之推的说法，一个人的精力和活动范围有限，并不能认识很多人、遇到很多事，那些认为只从经验中就能获得完备知识的想法是不可靠的。

一些教育专家提出，不要一味地对孩子说教，而是让他自己去体验、去经历，通过经历获得经验和体验。用这些话语表达一种教育理念是可以的，但是在教育实践中是万万不能这么做的。孩子的成长时间和空间都很有限，直接经验虽然重要，但也是不足的、不完备的。父母如果不对子女加以教养指导，只是寄希望在他们有限的经验中自我觉醒，这是父母的失职，也是对部分理论观点的曲解。

书，是更多人经验的汇合与提炼，是文明的结晶，颜之推认为读书是最重要的“伎（技）”，它能帮助人们了解一般人的成败好恶，以及自然界运行的规律。

现代父母既需要重视孩子的亲身体验与直接经验，更要强调让孩子多读书，这样才能让孩子真正做到见多识广，在纷繁复杂的社会环境中保持清醒。

41. 平衡读书与成功

> “夫命之穷达，犹金玉木石也；修以学艺，犹磨莹雕刻也。金玉之磨莹，自美其矿璞；木石之段块，自丑其雕刻。安可言木石之雕刻，乃胜金玉之矿璞哉？不得以有学之贫贱，比于无学之富贵也……所以学者，欲其多知明达耳……今子即不能然，不师古之踪迹，犹蒙被而卧耳。”
>
> ——颜之推《颜氏家训·勉学》

颜之推通过回答别人的追问，解释了为什么一些人虽然学富五车却不能得到重用，有些读书人甚至连家人都养不活。

在这里，他没能从社会制度或者从当时的社会政治的角度去分析，甚至也没能从东汉王充的《论衡》中汲取营养。为了说明问题，他把人比喻为“金玉木石”，认为“木石之人”即使读书了也不能与“金玉之人”相比。那么，是不是“木石之人”就不需要读书呢？颜之推认为读书是为了“多知明达”，使自己在原本基础上更加通达、有智慧，如果本身天资就不行，再不学习，那就是蒙着被子睡大觉，只会更糟糕。

颜之推解释了为什么有那么多人即使读书也不一定有好的结果。虽然这样的解释存在一定的历史局限性，但是他劝人读书，让人明白事理、通达性情是对的。

自古以来，就每个个体来说，读书是为了让自己更有智慧，更能获得心灵的解放，更能明白事理，对人生更有洞察力等。“书中自有黄金屋”等言论，让读书这件事披上了功利化的色彩，似乎一个人只要读书就会获得财富、地位。其实，读书是基础，一个人要想获得成功还受更多条件的影响。

我认为，父母要引导孩子摆脱读书的功利化倾向，认清“读书会让人幸福，但不一定保证人成功”这样的基本事实。

【原文】

人见邻里亲戚有佳快[一]者，使子弟慕而学之，不知使学古人，何其蔽也哉？世人但知跨马被甲，长稍[二]强弓，便云我能为将；不知明乎天道，辨乎地利，比量[三]逆顺，鉴达兴亡之妙也。但知承上接下，积财聚谷，便云我能为相；不知敬鬼事神，移风易俗，调节阴阳，荐举贤圣之至也。但知私财不入，公事夙[四]办，便云我能治民；不知诚己刑物[五]，执辔如组[六]，反风灭火[七]，化鸱为凤[八]之术也。但知抱令守律，早刑晚舍[九]，便云我能平狱；不知同辕观罪[十]，分剑追财[十一]，假言而奸露[十二]，不问而情得之察也。爰及农商工贾，厮役奴隶，钓鱼屠肉，饭牛牧羊，皆有先达，可为师表，博学求之，无不利于事也。

【注释】

（一）佳快：优秀。

（二）矟：shuò，古同“槊”，长矛。

（三）比量：比较权衡。

（四）夙：sù，早。这里指及时快速地办理。

（五）诚己刑物：自己做到真诚，以匡正社会，为众人所取法。

（六）执辔如组：辔，pèi，马缰；组，古代指丝带。意思是驾驭马车很熟练，比喻统治者御民有术。

（七）反风灭火：指让火掉转方向，自行灭火。比喻施行德政。

（八）化鸱为凤：鸱，chī，猫头鹰，古人认为它是凶鸟。比喻能以德化民，变恶为善。

（九）早刑晚舍：判刑要早，赦免要晚。

（十）同辕观罪：春秋时晋国的郤犨与长鱼娇因田产发生纠纷，办案官员就把他们及其妻子、母亲拴在同一辆车的车辕上，观察他们的交流，从而获得断案的关键信息。

（十一）分剑追财：据《太平御览》载，沛郡有一位富翁临终前将所有财产给了贪婪的女儿和女婿，只把宝剑传给年幼的儿子，“但遗一剑，云：‘儿年十五，以还付之。’”后来儿子到了十五岁，讨剑不得，就到太守大司空何武处请求帮忙讨回。何武明察秋毫，认为这位富翁思虑深远，要求儿子长到十五岁再讨回剑，这样既能保全了性命，又能保全财产。何武遂断案。

（十二）假言而奸露：据《魏书·李崇传》载，李崇任扬州刺史时，有位叫苟泰的人，儿子三岁时丢失，后来发现在赵奉伯家，于是告到官府。苟、赵二人都说是自己的儿子，都请了许多邻居做证。官吏一时分不清真伪，无法判断。李崇听说后，让人把苟、赵与小儿分别隔离，后派人传话说小儿得病暴亡。苟泰闻讯失声痛哭，而赵奉伯只是叹息，并无悲伤。李崇就把小儿归还给苟泰。

【今解】

42. 平衡表象与本质

“人见邻里亲戚有佳快者，使子弟慕而学之，不知使学古人，何其蔽也哉？……爰及农商工贾，厮役奴隶，钓鱼屠肉，饭牛牧羊，皆有先达，可为师表，博学求之，无不利于事也。”

——颜之推《颜氏家训·勉学》

老百姓有句俗话："别看贼快活的时候，也要看到贼挨打的时候。"这句话说的就是要看到事物的多面性。这也是颜之推在这里所论述的读书、学习应有的态度和作用，指出人不要被表面现象所迷惑，不要被事物的某一方面所左右。

要想做到不被迷惑，就需要多读书，多向古人（先人）的智慧学习，做到辩证通达，否则就像颜之推所举例子中的"世人"一般，才看到事物的表象就认为已经看透所有，其实并不能把握事物的本质或者事情的全部。如看到别人带兵打仗成为名将，就以为只要自己能骑马拉弓就可以成为名将，而不知道天时地利、用兵布阵才是一位名将的职业能力要求；看到一个人善于沟通，为国家积累财富就能成为宰相，却不知道作为宰相需要移风易俗、明辨阴阳、察贤举能，处处周到细致；认为只要做到秉公办事，不贪不枉，勤于政事就能做好一名官员，殊不知，治理社会、管理百姓就像驾车马，用现在的话说就是像"弹钢琴"，必须协调好不同声音，使之和谐；以为只要自己遵循法律就能判案，却不知道这里有多少审问、量刑的艺术，需要具备怎样的洞察力。

颜之推所举的这些例子都是为了向子孙说明：你们要深入学习，不要以为自己看到的就是真相，即使那些农夫、商贾、工匠、僮仆、奴隶、渔民、屠夫、喂牛的人、放羊的人，都不可小瞧，他们的工作也有很多诀窍，而不是你们看到的那样简单。所谓"每一行有每一行的诀窍"说的就是这个道理。

现在，在某些地方，新的"读书无用论"正在抬头。一般是什么人会认为读书无用呢？一是偏远贫困地区的一些家长，他们认为花了这么多钱，孩子书读得也不错，可大学毕业了还不如在外打工的父母赚的钱多，从而产生了读书没有用的思想；二是一些靠投机获得成功的"暴发户"，他们用自己的生活经验告诉下一代，不读书也一样赚钱，却忽视了创业与守业对人的不同要求，看不到真才实学对一个人事业发展的影响。

让孩子从小对学问、对世间的一切怀有敬畏心，不浮躁，不自大，这是父母应该教给孩子的学习态度。

【原文】

夫所以读书学问，本欲开心明目，利于行耳。未知养亲者，欲其观古人之先意承颜(一)，怡声下气(二)，不惮劬劳(三)，以致甘腝(四)，惕然(五)惭惧(六)，起而行之也；未知事君者，欲其观古人之守职无侵，见危授命(七)，不忘诚谏，以利社稷，恻然自念(八)，思欲效之也。素(九)骄奢者，欲其观古人之恭俭节用，卑以自牧(十)，礼为教本，敬者身基，瞿然(十一)自失，敛容抑志也；素鄙吝者，欲其观古人之贵义轻财，少私寡欲，忌盈恶满，赒穷恤匮(十二)，赧然(十三)悔耻，积而能散也；素暴悍者，欲其观古人之小心黜己(十四)，齿弊舌存(十五)，含垢藏疾，尊贤容众，苶(十六)然沮丧，若不胜衣(十七)也；素怯懦者，欲其观古人之达生委命(十八)，强毅正直，立言必信，求福不回(十九)，勃然奋厉(二十)，不可恐慑(二十一)也：历兹以往，百行皆然。纵不能淳(二十二)，去泰去甚(二十三)。学之所知，施无不达。世人读书者，但能言之，不能行之，忠孝无闻，仁义不足；加以断一条讼，不必得其理；宰(二十四)千户县，不必理其民；问其造屋，不必知楣横而棁(二十五)竖也；问其为田，不必知稷早而黍迟也；吟啸谈谑(二十六)，讽咏(二十七)辞赋，事既优闲，材增迂诞(二十八)，军国经纶，略无施用，故为武人俗吏所共嗤诋(二十九)，良由是乎(三十)！

夫学者所以求益耳。见人读数十卷书，便自高大，凌忽(三十一)长者，轻慢同列(三十二)；人疾之如仇敌，恶之如鸱枭(三十三)。如此以学自损，不如无学也。

古之学者为己(三十四)，以补不足也；今之学者为人(三十五)，但能说之也。古之学者为人(三十六)，行道以利世也；今之学者为己(三十七)，修身以求进也。夫学者犹种树也，春玩其华(三十八)，秋登其实(三十九)；讲论文章，春华也，修身利行，秋实也。

【注释】

（一）先意承颜：同“先意承志”。指孝子不等父母开口就能按照父母的心意去做。

（二）怡声下气：柔和其声音，低抑其气息，以取悦他人。此处表示对父母孝敬的样子。

（三）不惮劬劳：惮，dàn，害怕，畏惧；劬劳，劬，qú，劳累，劳苦。这里指不畏惧劳累。

（四）甘腝：腝，ér，肉烂熟。指鲜美柔软的食物。

（五）惕然：警觉省悟的样子。

（六）惭惧：羞愧恐惧。

（七）见危授命：授命，献出生命。面临危难时，能不惜牺牲个人生命，全力以赴。

（八）恻然自念：恻然，哀怜、悲伤的样子。这里指痛心疾首地反省自己。

（九）素：用在句首表示强调的意思。

（十）卑以自牧：牧，修养。以谦卑自守。

（十一）瞿然：惊恐的样子。

（十二）赒穷恤匮：赒，周济，救济；穷，鳏寡孤独；恤，抚恤；匮，缺乏，不足。接济、救助鳏寡孤独及其他贫困的人。

（十三）赧然：nǎn rán，难为情、羞愧的样子。

（十四）黜己：自我约束。

（十五）齿弊舌存：指刚者易折，柔者难毁。

（十六）苶：nié，疲倦，精神不振。

（十七）若不胜衣：形容身体羸弱，好像连衣服的重量都不能承担。

（十八）达生委命：参透人生，任凭天命。

（十九）回：违背。

（二十）勃然奋厉：勃然，奋发的样子；奋，奋发；厉，激励。奋发起来，激励自己。

（二十一）恐慑：恐惧。

（二十二）淳：质朴敦厚的风气。

（二十三）去泰去甚：泰、甚，过分。谓事宜适中。

（二十四）宰：主持、治理。

（二十五）棁：zhuō，梁上的短柱。

（二十六）吟啸谈谑：吟啸，高声吟唱；谈谑，谈笑戏谑。

（二十七）讽咏：讽，本义指不看着书本背书。这里指抑扬顿挫地诵读。

（二十八）迂诞：思想言行不合实际，荒诞，不合事理。

（二十九）嗤诋：chī dǐ，讥笑嘲骂。

（三十）良由是乎：确实是有道理的。

（三十一）凌忽：冒犯，忽视。

（三十二）同列：共事，同事，同辈。

（三十三）鸱枭：传说中名声不好的鸟。

（三十四）（三十七）为己：前者指修养自身，不是外显于人；后者指涵养自己，以求仕途。

（三十五）（三十六）为人：前者指夸夸其谈，向别人炫耀；后者指天下为公，造福苍生。

（三十八）春玩其华：玩，赏玩；华，花。春天赏玩其花，用以指对文章的态度。

（三十九）秋登其实：登，取；实，果实。秋天收获果实，这里指对身体力行的态度。

【今解】

43. 平衡能言与善行

> “学之所知，施无不达。世人读书者，但能言之，不能行之，忠孝无闻，仁义不足；加以断一条讼，不必得其理；宰千户县，不必理其民；问其造屋，不必知楣横而棁竖也；问其为田，不必知稷早而黍迟也；吟啸谈谑，讽咏辞赋，事既优闲，材增迂诞，军国经纶，略无施用，故为武人俗吏所共嗤诋，良由是乎！”
>
> ——颜之推《颜氏家训・勉学》

颜之推认为世间很多问题不是学问本身的问题，而是人们没有认真去施行，只要认真做就没有做不到的。这个观点我是比较赞同的。有人会说时代不同了，古人的很多话不切合实际了，其实，我们只有认真做才会知道哪些不符合实际，才会因时制宜地修正古人言论中不符合现代的地方，而不是简单地抛弃古人的道理甚至精神。

能说不能做，或者只说不做，这是一些读书人的通病。颜之推不仅鼓励子孙读书学习，更以历朝历代有风骨的士大夫为榜样来教育子孙，要求孩子做到“力行”。对于这样的教育观念，我们能够从经验上加以验证。我们在面对某些具体的真实情景时，一些书本知识或者观念可能不能指导我们，而那些有血有肉的榜样会触动我们，感染我们去行动。

颜之推指出，他们那个时代一些断案的人只是死守法律条文，而不知道其中的道理；管理一个小县的县官却可能没有真正与百姓打过交道等。这些都说明通过真实情景、行动所产生的感情和经验过的道理远远比“纸上谈兵”重要。

同时，他还鄙视了那些整天只是吟咏歌曲、谈笑戏谑的文人，他们迂腐荒诞，丝毫没有经世治国的能耐，因此他们被武官俗吏耻笑就不足为怪了。这体现了他对南北朝时期那些纨绔子弟和沽名钓誉的文人的厌恶。

“秀才治国，夸夸其谈。”这样的话反映了读书人常常表现出来的弊端，当然，并非所有读书人都如此，只是他们中的一些人很容易表现出这样的弊端而不自知。现在我们说的“空谈误国，实干兴邦”也就是这个道理。

父母教育孩子，不仅要让他们有学问，还应该让他们有实践自己学问的能力，否则他们的知识不仅不可靠，还有可能是伪知识。古人所提倡的“讷于言而敏于行”“笃学敏行”都教导我们去努力行动，只有行动才能获得真知。

44. 平衡谦虚与自信

“夫学者所以求益耳。见人读数十卷书，便自高大，凌忽长者，轻慢同列；人疾之如仇敌，恶之如鸱枭。如此以学自损，不如无学也。”

——颜之推《颜氏家训·勉学》

颜之推在这里告诫子孙，读书人特别是学有所得者需要注意一种很容易犯的错误。一个人在刚刚求学时大多数是谦虚谨慎的，因为他知道自己的不足，就像一个人刚刚起步出发，他知道路还远，自己要走的路还长；随着学习的深入，他已经拥有了一些知识，就很容易故步自封，认为自己的学问已经达到一定的高度，对师长没有起码的尊重，对同辈学习者轻视怠慢，不能做到尊重学友，这样人就会自我封闭，不仅很难接受新的知识，还会得罪人。这样的读书人，大家会把他当成仇敌，不是因为他没有学问，而是他治学的态度和真正的学者相差太远，属于读书人中的异类。在特别强调道德与做人的社会文化中，颜之推认为这样的人还不如不学。

自信，是我们欣赏的品质，也是孩子学习的动力。在现代商业社会，有人认为自信甚至自负都比自卑强。在挑选人才时，人们都喜欢自信的人，也愿意和自信的人一起工作。

有人说，在现代社会表现得自信点有何不可？大家都有自己的选择，离开了谁都能过，为什么要在乎别人的评价，甚至受前人的约束呢？

其实，“谦受益，满招损”，自信与自负、自傲只有一步之遥。自信是对自己的知识、能力充满信心，但自信并不是自满，不是认为自己已经不需要学习了，而是认为自己有能力学到更多，秉持着开放的状态，能够通过学习、合作或者其他各种可能的方法处理问题。

以学求益，而不要以学自损，“招损”这不是读书的错，而是书读得不够、书没读透、书读“歪”了的表现。

45. 平衡为人与为己

> “古之学者为己，以补不足也；今之学者为人，但能说之也。古之学者为人，行道以利世也；今之学者为己，修身以求进也。夫学者犹种树也，春玩其华，秋登其实；讲论文章，春华也，修身利行，秋实也。”
>
> ——颜之推《颜氏家训·勉学》

学习为了什么？这个问题一直在困扰着也在考验着每个读书人。

学习，在原始社会是为了个人乃至群体能够活下来、活得更好，因为不学习就不能获得生存下来的技能。随着人类社会的发展，学习被赋予了一些象征意义，如学历证书在某种程度上代表着个人能力。

颜之推从为人、为己的角度分析了“古人”与“今人”读书目的的区别，他认为，“古人”读书从为己的角度是为了弥补自己的不足，从为人的角度是施行自己的理想以造福社会；“今人”读书从为人的角度是为了自己能够夸夸其谈，得到别人的赞赏，从为己的角度是为了自己的仕途，为了谋求更高的社会地位。

颜之推所担忧“今人”的读书目的，在今天依然存在并具有相应的现实意义。今天鼓励孩子读书的各种口号大多从学习者自身利益出发，因为制造这些口号的人认为现代的孩子对身外的世界和社会不会太过关注，不会有太多的理想与情怀。在张扬个人价值的今天，似乎只有与自己有关的事情才会被关注，大家都在维护自己的利益。我不反对每个人对自我成功的关注，但是人的本质属性是社会性，只有把自己放在或大或小的社会中才会有价值和意义可谈。

因此，今天我们在鼓励孩子读书学习时，除了和孩子讨论他的个体价值外，还需要从小在孩子的心中埋下有利社会与造福国家的种子，这对孩子来说是一种境界，是指引孩子未来能够走出困境、战胜挫折、突破发展瓶颈的动力。

【原文】

人生小幼，精神专利，长成已后，思虑散逸，固须早教，勿失机也。吾七岁时，诵灵光殿赋，至于今日，十年一理（一），犹不遗忘；二十之外，所诵经书，一月废置，便至荒芜矣。然人有坎壈（二），失于盛年，犹当晚学，不可自弃。孔子云："五十以学易，可以无大过矣。"魏武、袁遗，老而弥笃（三），此皆少学而至老不倦也。曾子七十乃学，名闻天下；荀卿五十，始来游学，犹为硕儒；公孙弘四十余，方读春秋，以此遂登丞相；朱云亦四十，始学易、论语；皇甫谧二十，始受孝经、论语：皆终成大儒，此并早迷而晚寤（四）也。世人婚冠未学，便称迟暮，因循面墙，亦为愚耳。幼而学者，如日出之光；老而学者，如秉烛夜行，犹贤乎瞑目而无见者也。

学之兴废，随世轻重。汉时贤俊，皆以一经弘圣人之道，上明天时，下该人事，用此致卿相者多矣。末俗已来不复尔，空守章句，但诵师言，施之世务，殆无一可。故士大夫子弟，皆以博涉为贵，不肯专儒。梁朝皇孙以下，总丱（五）之年，必先入学，观其志尚，出身（六）已后，便从文史，略无卒业者。冠冕为此者，则有何胤、刘瓛、明山宾、周舍、朱异、周弘正、贺琛、贺革、萧子政、刘绍等，兼通文史，不徒讲说也。洛阳亦闻崔浩、张伟、刘芳，邺下又见邢子才：此四儒者，虽好经术，亦以才博擅名（七）。如此诸贤，故为上品，以外率多田野间人，音辞鄙陋，风操蚩拙（八），相与专固，无所堪能，问一言辄酬数百，责其指归，或无要会（九）。邺下谚云："博士买驴，书券三纸，未有驴字。"使汝以此为师，令人气塞。孔子曰："学也禄在其中矣。"今勤无益之事，恐非业也。夫圣人之书，所以设教，但明练经文，粗通注义，常使言行有得，亦足为人；何必"仲尼居"即须两纸疏义，燕寝讲堂（十），亦复何在？以此得胜，宁有益乎？光阴可惜，譬诸逝水。当博览机要（十一），以济功业；必能兼美，吾无间（十二）焉。

【注释】

（一）理：本义是加工玉石，后引申为治理。这里有温习之义。

（二）坎壈：kǎn lǎn，意为困顿、不顺利。

（三）老而弥笃：指人的某种爱好或情感随着年老而更加深厚诚笃。

（四）寤：wù，古同“悟”，理解，明白。

（五）总丱：丱，guàn，小孩束发成两角的样子。指童年。

（六）出身：出仕。

（七）擅名：享有名声。

（八）蚩拙：蚩，痴呆无知；拙，笨拙，拙劣。意为粗朴鲁钝。

（九）要会：要旨，重要的本意。

（十）燕寝讲堂：是指对“仲尼居”的“居”字进行多种解释，辩论不休，有人认为是“燕寝”，即闲居之处；有人认为是“讲堂”，即讲习之所。

（十一）机要：精义要旨。

（十二）间：非难，批评。

【今解】

46. 平衡早学与勤学

> “人生小幼，精神专利，长成已后，思虑散逸，固须早教，勿失机也。吾七岁时，诵《灵光殿赋》，至于今日，十年一理，犹不遗忘；二十之外，所诵经书，一月废置，便至荒芜矣。然人有坎壈，失于盛年，犹当晚学，不可自弃……世人婚冠未学，便称迟暮，因循面墙，亦为愚耳。幼而学者，如日出之光；老而学者，如秉烛夜行，犹贤乎瞑目而无见者也。”
>
> ——颜之推《颜氏家训·勉学》

学习没有终点，任何时候都可以开始学习。当然，如果能越早开始学习则越好。颜之推在这里以自己为例，证明了从小学习的好处：一是注意力容易集中；二是记忆力好，记住的内容终生难忘。这一点，我们每个人都是有所体会的。但是，很快地，他话锋一转，告诉我们另一个世间常情：每个人都可能遇到各种困难，有觉悟迟的，有家境困顿的，各种各样的原因都可能让我们失去最有利于学习的“盛年”。随后他举了孔子、曹操、曾子、荀况、公孙弘、朱云、皇甫谧等人的例子，说明终身学习的重要性。

颜之推认为，有些刚成年或刚结婚的人就开始抱怨自己老了，学不进去，从而放弃，这就犹如自己选择面墙而立，是极其愚蠢的。他认为年龄再大也可以学习，虽然没有幼年时学习效果好，但是就像夜里挑灯行走，也比闭着眼睛走路要好。

现代研究表明：幼年时期学习的优势在于机械记忆能力较强，成年时期的学习优势主要在于理解和分析能力较强。由此看来，我们更要加强终身学习的宣传，让孩子在人生每个阶段都能发挥学习的优势，保持学习活力。

父母既要抓好孩子的早期开发，又要善于发现孩子在不同阶段的学习优势，以持续学习的心态面对快速变化的知识和世界。父母更要为孩子做好学习的榜样，做到生命不息，学习不止，将终身学习的理念从小根植在孩子的心中，这是父母给孩子一生受用不尽的精神财富。

47. 平衡专注与博涉

“学之兴废，随世轻重。汉时贤俊，皆以一经弘圣人之道，上明天时，下该人事，用此致卿相者多矣。末俗已来不复尔，空守章句，但诵师言，施之世务，殆无一可。故士大夫子弟，皆以博涉为贵，不肯专儒……夫圣人之书，所以设教，但明练经文，粗通注义，常使言行有得，亦足为人；何必“仲尼居”即须两纸疏义，燕寝讲堂，亦复何在？以此得胜，宁有益乎？光阴可惜，譬诸逝水。当博览机要，以济功业；必能兼美，吾无间焉。”

——颜之推《颜氏家训·勉学》

每个时代的学习有每个时代的特征，时代不同，侧重点不同，有侧重于“专”的，有侧重于“博”的；有侧重于求取功名的，有侧重于修身的。如颜之推所推崇的汉朝时的贤达俊才常常专攻一经，用以弘扬圣人之道、参悟天道人伦，并以此成为国家栋梁。但是到了汉朝末期，人们就常常空守一段或者一句话的意思，或者诵读老师的阐发之言这样的二手资料，把它们用在生活事务的处理上，这是没什么用处的。

他看到当时的士大夫子弟一个个都以广博涉猎为要务，不肯静下心来认真读书，只满足于拾人牙慧，冒充“大尾巴狼”。这可能和当时的社会风气有关，人们为了交游博取名声，常常为了显示自己有学问，读一些书，却很少能够静下心来思考、琢磨，而只是为了得到好的社会评价以博取功名与仕途。

颜之推认为读圣人的书，不是记住某些句子去标榜自己有学问，而是要精通原文，对注释做到大致了解，然后体悟出道理，这样才能对自己的言行有所帮助，才算是读对书了。有些人读书只是用来辩论或者彰显自己有学问，甚至还有人先入为主地读书，只要所读之书和自己认同的观点一致就赞同，否则就一律反对，这样读书不仅得不到营养，还会把书读歪，把心越读越偏执。

颜之推举了当时很多名士的例子，认为他们不仅专注于经典的学习，还能博采众长；不仅能说会写，治理国家也很有智慧。从这里可以看出，他鼓励人们读书需要把“博览”与“专精”结合起来，从而把书读活。

接着，他举了一个例子来批判当时的学风，如有人为了辩论“仲尼居”到底是孔子的住所还是孔子讲习的地方，洋洋洒洒写上两页纸来论证，并为此争个你输我赢，时光就这样被消耗掉，对个人的成长没有丝毫的好处。他主张通过读书学习获得精要之义，用来指导自己的实践与事业，这是他最想见到的。

这一段论述对我们是有启发的，怎么读书，做什么样的学问，是做附庸风雅的轻浮学问，还是阐释微言大义的经世之学，这可能不仅是个人的学风问题，也反映了社会风气。

【原文】

俗间儒士，不涉群书，经纬(一)之外，义疏(二)而已。吾初入邺，与博陵崔文彦交游，尝说王粲集中难郑玄尚书事。崔转为诸儒道之，始将发口，悬见(三)排蹙(四)，云：“文集只有诗赋铭诔(五)，岂当论经书事乎？且先儒之中，未闻有王粲也。”崔笑而退，竟不以粲集示之。魏收之在议曹，与诸博士议宗庙事，引据汉书，博士笑曰：“未闻汉书得证经术。”收便忿怒，都不复言，取韦玄成传，掷之而起。博士一夜共披寻(六)之，达明，乃来谢曰："不谓玄成如此学也。"

夫老、庄之书，盖全真(七)养性，不肯以物累己也。故藏名柱史(八)，终蹈流沙(九)；匿迹漆园(十)，卒辞楚相，此任纵之徒耳。何晏、王弼，祖述玄宗(十一)，递相夸尚，景附草靡(十二)，皆以农、黄之化，在乎己身，周、孔之业，弃之度外。而平叔(十三)以党曹爽见诛，触死权之网也；辅嗣(十四)以多笑人被疾，陷好胜之阱也；山巨源(十五)以蓄积取讥，背多藏厚亡之文也；夏侯玄(十六)以才望被戮，无支离臃肿(十七)之鉴也；荀奉倩(十八)丧妻，神伤而卒，非鼓缶之情(十九)也；王夷甫(二十)悼子，悲不自胜，异东门之达(二十一)也；嵇叔夜(二十二)排俗取祸，岂和光同尘(二十三)之流也；郭子玄(二十四)以倾动专势，宁后身外己之风也；阮嗣宗(二十五)沉酒荒迷，乖畏途相诫之譬也；谢幼舆(二十六)赃贿黜削，违弃其余鱼(二十七)之旨也：彼诸人者，并其领袖，玄宗所归。其余桎梏尘滓之中，颠仆名利之下者，岂可备言乎！直取其清谈雅论，剖玄析微，宾主往复，娱心悦耳，非济世成俗之要也。洎(二十八)于梁世，兹风复阐，庄、老、周易，总谓三玄。武皇、简文，躬自讲论。周弘正奉赞大猷(二十九)，化行都邑，学徒千余，实为盛美。元帝在江、荆间，复所爱习，召置学生，亲为教授，废寝忘食，以夜继朝，至乃倦剧愁愤，辄以讲自释。吾时颇预末筵(三十)，亲承音旨，性既顽鲁，亦所不好云。

齐孝昭帝侍娄太后疾，容色憔悴，服膳减损。徐之才为灸两穴，帝握拳代痛，爪入掌心，血流满手。后既痊愈，帝寻疾崩，遗诏恨不见太后山陵之事。其天性至孝如彼，不识忌讳如此，良由无学所为。若见古人之讥欲母早死而悲哭之，则不发此言也。孝为百行之首，犹须学以修饰之，况余事乎！

【注释】

（一）经纬：经书和纬书。经书，一般指儒家经典，如《易经》《书经》《诗经》《周礼》《仪礼》《礼记》《春秋》《论语》《孝经》等；纬书，汉代附会儒家经义的一类书，其中保存了不少古代神话传说，也记述了一些天文、历法等方面的知识。

（二）义疏：古书的注释体制之一，内容为疏通原书和旧注的文意，阐述原书的思想，或广罗材料，对旧注进行考核、补充。

（三）悬见：预见。

（四）排蹙：蹙，cù，聚拢，逼迫。排挤。这里引申为斥责和责问、责难。

（五）铭诔：míng lěi，铭，铸、刻或写在器物上记述生平、事迹或警诫自己的文字，后来逐步形成一种文体；诔，古代叙述死者生平，多用于上对下，表示哀悼，后来也指那些哀悼死者的文章。

（六）披寻：披，打开，分开。这里指在文章典籍中寻找。

（七）全真：保全自然的天性。

（八）柱史：又称“柱下史”，官名，为御史的代称。

（九）流沙：指老子西出函谷，在流沙（一说地名；一说某条河流）处销声匿迹。

（十）漆园：一说战国时庄周为吏之处；一说非地名，庄周乃在蒙邑中为吏主督漆事。后指称庄子。

（十一）祖述玄宗：祖述，阐述、效法、遵循前人的学说或行为；玄宗，道教术语，指道家的深奥旨意。

（十二）景附草靡：景附，如影附身，比喻依附密切；草靡，草顺风倒伏，比喻教化风行。

（十三）平叔：何晏，三国魏宛（今河南南阳）人，字平叔，为魏晋玄学的创始者之一，著有《论语集解》《道德论》等。

（十四）辅嗣：指三国时期魏国的经学家、哲学家王弼，字辅嗣。魏晋玄学的主要代表人物及创始人之一。与何晏、夏侯玄等共同倡导玄学清谈，为人高傲，“颇以所长笑人，故时为士君子所疾”。

（十五）山巨源：山涛，字巨源。三国至西晋时期名士、政治家，“竹林七贤”之一，喜好老庄学说。

（十六）夏侯玄：三国时期魏国玄学家、文学家，征南大将军夏侯尚之子、右将军夏侯霸之侄、大将军曹爽表弟。与何晏等人开创了魏晋玄学的先河，是早期的玄学领袖。

（十七）支离臃肿：指夏侯玄虽精通玄学，却不懂得藏锋守拙的道理。

（十八）荀奉倩：荀粲，字奉倩，三国时期魏国著名玄学家。

（十九）鼓缶之情：战国时庄周之妻死，惠子吊之，庄周方箕踞鼓盆而歌。惠子诘之。庄周以为人之生死，是自然之变化，明乎此，则无须为之而悲伤。后即借“鼓缶”以指丧妻。这里指作为喜好老庄玄学的荀粲，没能从这个寓言中得到启发。

（二十）王夷甫：王衍，西晋末年重臣，玄学清谈领袖。

（二十一）东门之达：《战国策·秦策三》载：“梁人有东门吴者，其子死而不忧。其相室曰：‘公之爱子也天下无有，今子死不忧，何也？’东门吴曰：‘吾尝无子，无子之时不忧，今子死，乃即与无子时同也，臣奚忧焉。’”

（二十二）嵇叔夜：嵇康，字叔夜。嵇康隐居不仕，屡拒为官，因得罪司隶校尉钟会，遭其构陷，而被掌权的大将军司马昭处死。

（二十三）和光同尘：和，调和；同，混合。和光：混合、调和各种光彩；同尘，与尘世相同。指不露锋芒、与世无争的平和处世方法。

（二十四）郭子玄：郭象，字子玄。西晋时期玄学家，好老庄，善清谈。早年不受州郡召，闲居在家，后任司徒椽，迁黄门侍郎，任太傅主簿，位高权重，“任职当权，熏灼内外”，遭到了一些清谈名士的鄙视和非议。

（二十五）阮嗣宗：阮籍。三国时期魏国人，“竹林七贤”之一。

（二十六）谢幼舆：谢鲲，字幼舆，世称谢豫章，晋朝时期名士，生性豁达，喜读《老子》《易经》，善于清谈，名列“江左八达”。

（二十七）弃其余鱼：据《淮南子·齐俗训》载，惠施为梁相，从车百乘，犹嫌不足。庄子泽边见之，弃其余鱼，以示讽诫。比喻节欲知足。

（二十八）洎：jì，到。

（二十九）大猷：猷，yóu，道。这里指治国大道。

（三十）末筵：筵，yán，竹席，席位。意为末座。

【今解】

48. 平衡经典与广博

“俗间儒士，不涉群书，经纬之外，义疏而已。”

——颜之推《颜氏家训·勉学》

在这里，颜之推告诫子孙不能学习那些闭目塞听的儒生，只是看经书和一些古书的注释而已，不能做到博览群书，这样很容易把书读死，不能触类旁通。他举了两个例子，一是友人崔文彦与一些读书人谈论《王粲集》中关于王粲责难郑玄为《尚书》作注的事，那些读书人只知道文集中的某些常见文体，不知道《尚书》的注疏，且他们也没听说过王粲这位先儒；二是北齐史学家魏收在和一群博士谈论宗庙的事时引用《汉书》中有关韦玄成的故事，被博士们反驳不应该用史书解释经学。

由此可以看出，很多读书人平时只局限于读儒家经典，很少有拓展，有着读经不读史、读文学不读经等陋习。他们看起来很专业，但是无法做到触类旁通，在学问上也不能有所建树，只是抱着自己的那点学问，这样就难免故步自封，把做学问的路越走越窄。

我们从颜之推的论述中可以体会到中国自古以来文史哲不分家的传统，要想了解中国文化，只攻其一点很难有所突破和建树，而且会迷失在自己构建的高墙窄巷中无法走出来。

当然，我们现在教育孩子读书，不局限于儒家经典，也不局限于文史哲方面的内容，而是更为丰富和多元的知识，颜之推的思想对社会化大分工背景下的我们来说更有借鉴意义，我们不能让孩子的学习因为单一而“异化”。

现在有些家长对学校教育的内容与方式，以及应试的倾向十分反感，有人尝试着让孩子脱离学校而接受读经等私塾教育，认为这是拯救孩子也是拯救社会的一条新的出路，这种做法是偏激的，也是不可取的。

在科学技术飞速发展的今天，人们需要拥有科学、人文等多学科素养，才能具备在现代社会多元发展的可能。因此，我们不能因为学校教育存在的不足而完全放弃学校教育，而需要用家庭教育和社会教育弥补学校教育的不足，尽可能发挥学校培养孩子多学科素养的影响，让孩子做到专而广博，成为一个全面发展的人。

在家庭教育中，父母不能只根据自己的喜好和专业倾向为孩子提供学习材料，文科见长的父母要在书架上增加科学与艺术方面的图书；理工科见长的父母也需要有意识带领孩子接触文史哲方面的材料，从而避免孩子受父母和家庭氛围的影响而过早地对其他领域的知识失去兴趣。

49. 平衡读书与做人

“夫老、庄之书，盖全真养性，不肯以物累己也。故藏名柱史，终蹈流沙；匿迹漆园，卒辞楚相，此任纵之徒耳……其余桎梏尘滓之中，颠仆名利之下者，岂可备言乎！直取其清谈雅论，剖玄析微，宾主往复，娱心悦耳，非济世成俗之要也。”

——颜之推《颜氏家训·勉学》

“做什么人，读什么书”和“读什么书，做什么人”，这是两个不同的境界。前人（古人）所写出来的书往往是其认同的观念和做人的真实写照，他们践行自己的思想，写出自己的真实想法。像老子、庄子这样的圣人，他们不仅在书上讲怎样保持本真性情、培养超然品性，而且他们本身就是这么做的，不肯用世俗的身外之物和名声来拖累自己。如老子曾默默无闻地做过“图书管理员”，然后西出函谷关，消失在茫茫沙漠；庄子隐居在漆园做个小官，楚王请他出山做相，他也不领情。这两人都是自由自在真性情，渴望无拘无束生活的人。

在这里，颜之推没有明着褒奖和认同老、庄的为人与著述知行合一的德行，但是他列举了一些名人模仿老、庄却不得善终的例子，比如何晏、王弼、山涛，等等。这些人都是当时玄学的领袖人物，他们尚且如此，在世俗社会中无法慎独，而那些在污秽尘世、名利官场之中毫无自由可言的人，就更不用说了。

颜之推认为这些人无非是拿老、庄书中的一些清谈雅论来解释别人所无法领略的玄妙，在宾主之间相互问答取乐，图一时的快乐，或者表达对世间的一些人与事的反抗态度而已。后文中颜之推说他也听过元帝讲道家玄学，发现元帝自己也只是在疲惫不堪时用这样的学问减压而已，颜之推觉得自己愚钝，并没有从中获得多少启发和教益。

当然，现在我们也可以说这些人崇拜老、庄思想，并用一生来践行，只是修行不足而已，可以用“虽不能至，心向往之”对这些人的行为进行解释与褒奖。

我这里想说的是父母教导子女读书时，既要引导孩子从别人的思想中获得做人的道理，更要鼓励孩子用文字写出自己的真实思想，而不是附庸风雅，违背自己的良知，把自己搞得“四不像”，正如孔子所说，“行有余力，则以学文”，这对于我们做人、读书的平衡，有着深远的启发。

50. 平衡情感与表达

“其天性至孝如彼，不识忌讳如此，良由无学所为。若见古人之讥欲母早死而悲哭之，则不发此言也。孝为百行之首，犹须学以修饰之，况余事乎！”

——颜之推《颜氏家训·勉学》

这里颜之推描述的是北齐孝昭帝伺候母亲娄太后时积劳成疾，孝昭帝在遗诏中说自己“恨不见山陵之事”，也就是遗憾自己不能够为娄太后操办后事，以尽到最后的孝心。颜之推认为孝昭帝是至孝之人，却说出了如此没有文化、令人忌讳的语言，这是缺少文化的表现。他列举了一个古时候的典故，一个人看到邻居家老人去世，儿女哭得不动情，这个人就回家对母亲说希望母亲早点死，他会悲痛哭泣。颜氏认为如果孝昭帝好好学习这个典故，就不会说出这样不合时宜的话了。

然后，颜之推说孝作为百行之首，也需要通过学习加以修饰，使它表达起来更加恰当并合乎礼仪，其他事情就更是如此了。颜氏以此说明学习对一个人的重要性，以免贻笑大方。

在现代社会，大家已经对这样的语言没有太多的禁忌，甚至还会以“语不惊人死不休”的姿态努力做着“标题党”。有些人为了标新立异，引起别人注意，不惜放弃对语言的起码尊重，竭尽哗宠取宠之能事，最终沦为大家的笑柄。

我们鼓励孩子读书，不是让孩子说一些时髦的名词，也不是让孩子用诗词来为自己“镀金”，而是让孩子汲取文化中的优秀基因，并用大家都能接受的方式表达出来。

有人会说，我们不是要晓行大义吗，为什么还在乎语言这些小节呢？大家能从语言中知道我们要表达的“大道”不就可以了？我理解颜之推的意思可能是，内在的想法再好也需要通过恰当的语言去表达，用现代的词汇来说就是要学会“交流”与“传播”，如现在的一些词语只适合在网络环境中使用，而不适合用在面对面的语言环境中，否则就容易造成误会。

颜之推最后还用一句话做了扩展，他认为不仅是语言需要修饰，其他事情也是如此，如礼节，不能因为大家是熟人就可以放松对彼此交往礼节的关注，否则在遇到信任危机时，很容易导致关系紧张甚至破裂。

由此可见，人的世界需要美好的语言和大家都认可的礼节来平衡，才能保持和谐并推动社会向前发展。

【原文】

梁元帝尝为吾说："昔在会稽，年始十二，便已好学。时又患疥，手不得拳，膝不得屈。闲斋张葛帏避蝇独坐，银瓯贮山阴甜酒，时复进之，以自宽痛。率意自读史书，一日二十卷，既未师受，或不识一字，或不解一语，要自重（一）之，不知厌倦。"帝子之尊，童稚之逸，尚能如此，况其庶士，冀以自达者哉？

古人勤学，有握锥投斧（二），照雪聚萤，锄则带经，牧则编简（三），亦为勤笃。梁世彭城刘绮，交州刺史勃之孙，早孤家贫，灯烛难办，常买荻（四），尺寸折之，然（五）明夜读。孝元初出会稽，精选寮寀（六），绮以才华，为国常侍兼记室，殊蒙礼遇，终于金紫光禄。义阳朱詹，世居江陵，后出扬都，好学，家贫无资，累日不爨（七），乃时吞纸以实腹。寒无毡被，抱犬而卧。犬亦饥虚，起行盗食，呼之不至，哀声动邻，犹不废业，卒成学士，官至镇南录事参军，为孝元所礼。此乃不可为之事，亦是勤学之一人。东莞臧逢世，年二十余，欲读班固汉书，苦假借（八）不久，乃就姊夫刘缓乞丐（九）客刺（十）书翰纸末，手写一本，军府服其志尚，卒以汉书闻。

齐有宦者内参田鹏鸾，本蛮人也。年十四五，初为阍寺，便知好学，怀袖握书，晓夕讽诵。所居卑末，使役苦辛，时伺间隙，周章询请。每至文林馆，气喘汗流，问书之外，不暇他语。及睹古人节义之事，未尝不感激沉吟久之。吾甚怜爱，倍加开奖。后被赏遇，赐名敬宣，位至侍中开府。后主之奔青州，遣其西出，参伺动静，为周军所获。问齐主何在，绐（十一）云："已去，计当出境。"疑其不信，欧捶（十二）服之，每折一支，辞色愈厉，竟断四体而卒。蛮夷童丱，犹能以学成忠，齐之将相，比敬宣之奴不若也。

【注释】

（一）自重：认为重要而认真对待，指对自己严格要求。

（二）握锥投斧：握锥，典出战国时期苏秦为了发奋读书，瞌睡时引锥刺股，血流至足。投斧，《北堂书钞》卷九七引《庐江七贤传》："文党，字翁仲，未学之时，与人俱入山取木，谓侣人曰：'吾欲远学，先试投我斧高木上，斧当挂。'仰而投之，斧果上挂，因之长安受经。"

（三）照雪聚萤，锄则带经，牧则编简：照雪，晋人孙康因家贫，常利用雪光读书；聚萤，晋人车胤，字武子，自幼聪颖好学，因家境贫寒，常无油点灯，夏夜就捕捉萤火虫，用以照明。锄则带经，根据王利器《颜氏家训集解》，这个典故的人物有三位，一是西汉倪宽，二是东汉末年常林，三是东汉末年张纮（与张昭合称“二张”），他们都是幼时聪明好学，但家中贫穷，每当下地干活的时候，他们总是把经书挂在锄把上，休息时就认真研读。牧则编简，西汉路温舒，字长君，小时候，父亲让他牧羊，他把湖泽中的蒲草取来，做成简牒，编起来写字。这些和前面的苏秦“握锥”、文党“投斧”的典故一样，都是用来表明人的勤奋好学。

（四）荻：dí，多年生草本植物，生在水边，叶子长形，似芦苇，秋天开紫花，茎可织席，亦可作造纸原料。

（五）然：“燃”的本字。

（六）寮寀：liáo cǎi，亦作“寮采”，指僚属或同僚。这里指百官。

（七）爨：cuàn，烧火做饭，灶台。

（八）假借：借用。

（九）乞丐：请求给予。

（十）客刺：名刺，名片。

（十一）绐：dài，古同“诒”，欺骗；欺诈。

（十二）欧捶：殴打。欧，通“殴”。

【今解】

51. 平衡诱惑与自控

“‘……率意自读史书，一日二十卷，既未师受，或不识一字，或不解一语，要自重之，不知厌倦。’帝子之尊，童稚之逸，尚能如此，况其庶士，冀以自达者哉？”

——颜之推《颜氏家训·勉学》

这里颜之推举了梁元帝的例子。梁元帝 12 岁时在生病期间一边忍着病痛，一边读书。颜之推用这个例子告诫子孙：帝王之子都能如此发奋读书，普通人家的孩子更没有理由不学习了。

这样的例子可以告诫那些“小富即安”的父母，或者那些觉得自己受过苦而舍不得让孩子受苦的父母：学习能力不能遗传，只有靠每一代人自己努力；家庭的财富不能固守，只有靠子孙发扬光大。

勉学的道理众所周知，但是，在现实中，孩子能够主动学习的还是很少见的。特别是在今天这样的时代，各种新奇的玩具和游戏层出不穷，对于孩子而言，这些都比读书、做学问轻松有趣得多。

人的本能是趋利避害的，做事喜欢选择轻松的，父母首先要承认这样的人性事实，然后才能不错误估计孩子，才不会对孩子提出错误的预期，也才会用客观的态度面对孩子的成长，做到有效指导孩子。

梁元帝是在生病期间，一边喝点酒镇痛，一边看书。按照颜之推的看法，“童稚之逸”，也就是儿童的注意力容易分散，梁元帝能做到这样，实属不易。

在生病期间，一般的孩子会迁就自己，宠爱自己，父母也舍不得让孩子坚持学习。因此，很多孩子在家养病时，喜欢看动画片或者玩游戏打发时间。其实，孩子在生病期间一样可以看书学习，这也是集中了解某些图书与知识的好机会。

如果父母不做规划与要求，孩子自然就会选择最轻松的、耗费脑力最少的事情去打发时间，如看动画片、打游戏等。

父母不要奢望孩子能自觉地多看书、多思考。梁元帝能够做到病中看书，除了因为他喜欢看书外，还因为看历史书在那个时代可能是最有趣的消遣方式了，而现在的孩子消遣方式太多了，而且每种方式似乎都比看书有意思。

因此，在现代家庭中，有效地管理电子产品、合理安排休闲时间是父母应该具备的基本能力与管教孩子的方法。不要认为控制孩子玩电子产品时间就是不尊重孩子，其实这是更尊重成长规律的方法，也是对孩子的保护与帮助。

52. 平衡苦学与乐学

“古人勤学，有握锥投斧，照雪聚萤，锄则带经，牧则编简，亦为勤笃。”

——颜之推《颜氏家训·勉学》

这里颜之推着重向子孙介绍了读书人的各种勤学故事：苏秦握锥刺股，文党投斧高树，孙康映雪勤读，车武子聚萤苦学，常林等人锄则带经，路温舒牧则编简。

这些人对于颜之推的子孙来说已经是遥远的古人了，为此，颜之推还举了与他同时代的一些感人的勤学例子，如梁朝彭城的刘绮，从小死了父亲，家境贫寒，无钱购买灯烛，就买来荻草，点燃后照明以作夜读；义阳的朱詹，非常勤学，但家中贫穷，有时连续几天都不能生火煮饭，就经常吃废纸充饥，天冷就抱着狗取暖，这是一般人所不能想象和做到的；东莞人臧逢世，二十多岁想读班固的《汉书》，但苦于借来的书自己不能长久阅读，就向姐夫刘缓要来名片、书札的边幅纸头，亲手抄得一本。

这些勤学励志的故事现在很少被宣传，因为有人认为这是不人道、不正常、应该被摒弃的学习方法。现在一些自媒体上经常宣传轻轻松松就能学业有成的内容，认为"苦学"都是不人道，"乐学"才是人应该有的状态。其实，这是对学习过程的片面解读，没有什么学问和技能是轻松就能获得的，每个人必须付出艰苦的努力才可能闯出一片天地，如贝多芬童年时，严厉的父亲要求他每天练习钢琴和小提琴八个小时以上。

那怎么会有轻轻松松就能学有所成的教育理念的传播呢？

我认为，有些名人在分享成功经验时往往会不自觉地跳过了勤学苦练这一段，更多地强调自己的兴趣，或者获得成功的体验。当代的孩子和父母因此会错误地认为：没有兴趣，就不学，也学不好。殊不知，只有真正投入地学了、练了才可能产生持久的兴趣，真正持久的愉悦心境是通过努力获得成就感后才会产生的情绪体验。

学习没有奇迹，学习没有神话，有的只是踏踏实实的刻苦努力。父母和教师要谨慎向孩子传播被修饰过的、片面的学习观，否则孩子会把正常的努力学习看成不人道的要求。孩子如果没有正确的思想准备，只会产生心理抗拒，以致学习效率低下。

53. 平衡笃学与敏行

"齐有宦者内参田鹏鸾，本蛮人也。年十四五，初为阍寺，便知好学，怀袖握书，晓夕讽诵。所居卑末，使役苦辛，时伺间隙，周章询请。每至文林馆，气喘汗流，问书之外，不暇他语。及睹古人节义之事，未尝不感激沉吟久之。吾甚怜爱，倍加开奖。后被赏遇，赐名敬宣，位至侍中开府。后主之奔青州，遣其西出，参伺动静，为周军所获。问齐主何在，绐云：'已去，计当出境。'疑其不信，欧捶服之，每折一支，辞色愈厉，竟断四体而卒。蛮夷童丱，犹能以学成忠，齐之将相，比敬宣之奴不若也。"

——颜之推《颜氏家训·勉学》

颜之推通过一个小宦官的求学之路，以及舍生取义的故事向子孙传递了几个层次的意思：一是一个人不论身份贵贱都应该做到勤学好问；二是学习不能停留在知识汲取的层面，而要能晓其大义；三是要用一生来践行自己所认同的道理。

他说的是北齐的一个小宦官，这孩子十四五岁时就能在辛苦工作之余手不释卷，并到处向别人请教。在文人集中的文林馆，他除了向别人请教不懂的内容外，顾不得讲别的话。

是什么样的精神或者心理动力让一个人对求知有这样的欲望？几千年来有各种说法，有天生说，有成就说，有环境熏陶说，有榜样说，有压抑反弹说……不论什么理论解释，好像都不能单方面解释鲜活的教育实践。对于父母来说，怎样激发孩子的求学热情，值得深思。民间称之为"开窍"，一个人在哪方面开窍，什么时候开窍，这几乎没有规律可循，但是父母及时地发现孩子在某个方面的喜好与投入，顺势利导可能是唯一可以把握的方法。因为每个孩子在"开窍"的事情上各有不同，父母在保证孩子接受起码的通识教育后，就要满足孩子个性化的学习与发展需求。

颜之推赞扬了这个小宦官不是死读书，而是用心、用情去感悟故事中人物的情怀，对书中有节操的义士能够心生向往之情，由衷地诚服。这是从知到情的过程，也是将书读"活"的重要转折点。如果一个人读书只是为了占有知识、卖弄知识，这就和读书的本质与初衷背道而驰了。读书读出了感情，才会将知识变成日常的思维与行动。

学习要在行动中见真章，这可能是颜之推在此处最想传递给子孙的家训了。通过对小宦官舍生取义事迹的描述，颜之推传达了关于人生观、价值观的种种理想，也承载了他对子孙的殷切希望。

从读书明理到感情触动再到不懈行动，这是一个人学习的完整过程，“笃学”最终是要“敏行”的，自古以来，人们总是对说一套做一套的人敬而远之或者加以鄙视。

在教育孩子的过程中，我们要引导孩子知行合一，让孩子真正成为一个受过教育的人。读书不是让我们更圆滑，而是让我们更坚守，坚守内心的道德，向往灿烂的星空。

【原文】

邺平之后，见徙[一]入关。思鲁尝谓吾曰：“朝无禄位，家无积财，当肆[二]筋力，以申供养。每被课笃[三]，勤劳经史，未知为子，可得安乎？”吾命之曰：“子当以养为心，父当以学为教。使汝弃学徇财[四]，丰吾衣食，食之安得甘？衣之安得暖？若务先王之道，绍[五]家世之业，藜羹缊褐[六]，我自欲之。”

书曰：“好问则裕。”礼云：“独学而无友，则孤陋而寡闻。”盖须切磋相起[七]明也。见有闭门读书，师心自是，稠人[八]广坐，谬误差失者多矣。谷梁传称公子友与莒挐相搏，左右呼曰：“孟劳！”。“孟劳”者，鲁之宝刀名，亦见广雅。近在齐时，有姜仲岳谓：“‘孟劳’者，公子左右，姓孟名劳，多力之人，为国所宝。”与吾苦诤[九]。时清河郡守邢峙，当世硕儒，助吾证之，赧然而伏。又三辅决录云：“灵帝殿柱题曰：‘堂堂乎张，京兆田郎。’”盖引论语，偶以四言，目京兆人田凤也。有一才士，乃言：“时张京兆及田郎二人皆堂堂耳。”闻吾此说，初大惊骇，其后寻愧悔焉。江南有一权贵，读误本蜀都赋注，解“蹲鸱[十]，芋也”，乃为“羊”字；人馈羊肉，答书云：“损惠[十一]蹲鸱。”举朝惊骇，不解事义，久后寻迹，方知如此。元氏之世，在洛京时，有一才学重臣，新得史记音，而颇纰缪[十二]，误反“颛顼[十三]”字，顼当为许录反，错作许缘反，遂谓朝士言：“从来谬音‘专旭’，当音‘专翾’耳。”此人先有高名，翕然(十四)信行；期年之后，更有硕儒，苦相究讨，方知误焉。汉书王莽赞云：“紫色蛙声(十五)，余分闰位(十六)。”谓以伪乱真耳。昔吾尝共人谈书，言及王莽形状，有一俊士，自许史学，名价甚高，乃云：“王莽非直鸱目虎吻，亦紫色蛙声。”又礼乐志云：“给太官挏(十七)马酒。”李奇注：“以马乳为酒也，揰挏(十八)乃成。”二字并从手。揰挏，此谓撞捣挺挏(十九)之，今为酪酒亦然。向学士又以为种桐时，太官酿马酒乃熟。其孤陋遂至于此。太山羊肃，亦称学问，读潘岳赋“周文弱枝之枣(二十)”，为杖策之杖；世本“容成造歷”，以歷为碓磨之磨。

谈说制文，援引古昔，必须眼学，勿信耳受。江南闾里间，士大夫或不学问，羞为鄙朴(二十一)，道听途说，强事饰辞：呼征质为周、郑，谓霍乱为博陆(二十二)，上荆州必称陕西，下扬都言去海郡，言食则糊口，道钱则孔方，问移则楚丘，论婚则宴尔，及王则无不仲宣(二十三)，语刘则无不公幹(二十四)。凡有一二百件，传相祖述，寻问莫知原由，施安时复失所。庄生有乘时鹊起之说，故谢朓诗曰：“鹊起登吴台。”吾有一亲表，作七夕诗云：“今夜吴台鹊，亦共往填河。”罗浮山记云：“望平地树如荠。”故戴暠诗云：“长安树如荠。”又邺下有一人咏树诗云：“遥望长安荠。”又尝见谓矜诞(二十五)为夸毗(二十六)，呼高年为富有春秋(二十七)，皆耳学之过也。

【注释】

（一）徙：古代称流放的刑罚。

（二）肆：尽，极。

（三）课笃：笃，通“督”。监督，督促学习。

（四）徇财：徇，通“殉”。不惜以身求财。

（五）绍：连续，继承。

（六）藜羹缊褐：藜，一年生草本植物，茎直立，嫩叶可吃。藜羹指藜菜做的羹，泛指粗劣的食物。缊褐指粗陋衣服。这里指吃粗茶淡饭、穿麻布衣衫都可以，表达了引导孩子读书的决心。

（七）起：启发。

（八）稠人：众人。

（九）诤：争执。诤，通“争”。

（十）蹲鸱：因状如蹲伏的鸱，故称。

（十一）损惠：谢人馈送礼物的敬辞。意谓对方降抑身份而加惠于己。

（十二）纰缪：pī miù，差错，谬误。

（十三）颛顼：传说中的上古帝王名。

（十四）翕然：和顺一致的样子，这是表示对权威的认同，一致赞同并遵从。

（十五）紫色蛙声：紫色，古代人认为不是正色（朱是正色）；蛙声，不合正统乐律的声音。闲色和邪音，表示以假乱真。

（十六）余分闰位：谓非正统的帝位。

（十七）挏：dòng，推引，撞击。来回猛烈地摇动或拌动。

（十八）揰挏：推击。

（十九）撞捣挺挏：撞，冲打，碰击；捣，通“捣”；挺挏，上下推动。

（二十）弱枝之枣：弱枝枣，枣名。这里是指有人将“枝”看成了“杖”，将下面的“歷”看成了“磨”。说明一些人做学问不严谨到如此地步。

（二十一）鄙朴：bǐ pǔ，粗俗质朴。

（二十二）博陆：指霍光。《汉书·霍光传》载，汉武帝封霍光为博陆侯。这里指有人想当然地把“霍乱”看成“霍光”。

（二十三）仲宣：东汉末年文学家王粲的字。王粲为“建安七子”之一，博学多识，文思敏捷，善诗赋，尤以《登楼赋》著称。

（二十四）公幹：东汉末年名士刘桢的字。

（二十五）矜诞：jīn dàn，自大狂妄。

（二十六）夸毗：kuā pí，以谄谀、卑屈取媚于人。

（二十七）富有春秋：指年轻，而不是指年高。

【今解】

54. 平衡困境与求学

“吾命之曰：‘子当以养为心，父当以学为教。使汝弃学徇财，丰吾衣食，食之安得甘？衣之安得暖？若务先王之道，绍家世之业，藜羹缊褐，我自欲之。’”

——颜之推《颜氏家训·勉学》

父母是孩子的首任教师也是终生教师，这并不是要求父母成为喋喋不休的人或者拿着戒尺威吓孩子的先生，而是在日常生活中，在平静如水的人生历程中随时彰显人生智慧，随时将自己对人、对己、对生活、对生命的态度展示出来，用以照亮孩子前进的道路。

北齐灭亡后，颜之推作为前朝官员被押送去长安，过着窘迫的生活，他的儿子主动提出来要去赚钱，用以供养父母，而颜之推却从不放松对孩子读书的要求，常常检查督促。儿子不无抱怨地说自己没有精力读书，在当时的情况下他不可能一心向学。

这里颜之推的回答充分说明了亲子角色的界限与侧重点的不同，他认为子女当然要以供养父母为心心念念的事情，这是子女的职责；而父亲的职责则是要时刻不忘督促子女读书学习。

在表述完亲子各自角色定位后，颜之推用两个反问句强调了自己的价值观：如果孩子放弃学业去赚钱，父母能吃得安生、穿得暖心吗？如果孩子能够潜心向学，将家庭的基业发扬光大，即使父母当下过着清贫的日子，这又何妨？

子女为了让父母过上好的生活，尽着孝道；父亲为了光大家业，督促子女读书，也是对祖先尽孝的表现。这就是中国传统士大夫阶层的不同代际对孝的理解，虽然表现不同，但根本价值取向相同。

这让我想起小时候父母对我们说的话。他们说，只要我们能读书，他们砸锅卖铁都会供着。这样的语言虽然有些悲壮，也有些夸张，但是切切实实地向孩子们传递着他们对待学习的观念。

向孩子传达困境中坚持学习的价值观，这是任何父母都能给予孩子的，也是每位父母馈赠给孩子的最好的礼物。

有人说，孩子重视什么、珍惜什么要由他自己决定，这看起来很民主，很尊重孩子，很有平等的意味。实际上，孩子珍惜什么是受外部环境和身边人的影响的，父母是最重要的影响人。如果父母主动放弃了对孩子的影响，这就是父母的失职。

55. 平衡独学与切磋

"《书》曰：'好问则裕。'《礼》云：'独学而无友，则孤陋而寡闻。'盖须切磋相起明也。见有闭门读书，师心自是，稠人广坐，谬误差失者多矣。"

——颜之推《颜氏家训·勉学》

做学问也好，做生意也好，人们所做的许多事情都需要自己埋头探索研究，没有独自探索就没有切身体验，就不会有经验，就不会有自己的心得。但是，人仅仅满足于独自探索就很容易陷在自己的思想、情感和能力里，变得越来越封闭。因此，从古到今智者都鼓励学习者主动突破自我认知的限制，能够广交朋友，能够和好友多交流探讨，一来可以使自己的知识更加丰富，二来可以使自己的学问更加通明。如果一个人只是闭门读书，很容易自以为是，一旦到了更大的场合，到了真正读书人集聚的地方，就会暴露出自己学问的不足。

在这里，颜之推强调了在治学上要能够开阔胸襟，能够与良师益友相互切磋，并举了若干的例子来说明如果一个人在读经典时只是根据自己的理解，那么他很容易产生偏差，因为在中国古代，典籍谬误众多，如果不能博览群书，加以甄别，就会很容易读到伪书或者质量不高的书籍；如果能有一众学友，大家相互交流，互补资料与见识，就会很容易避免这样的现象。

今天，人们更看重相互交流的作用和价值，但是我们也不能忘记任何交流都是建立在自己已有认知的基础上，哪怕自己的认知是错误的、不全面的，也是为讨论贡献了自己的力量。最糟糕的是自己还没有想法就去讨论，这样不仅效率低下，久而久之还会形成惰性思维。

独学与切磋两者缺一不可，切磋建立在独学的基础上，切磋能够丰富并修正独学的成果。今天我们在重视合作学习的同时不能忽视了独立学习的价值与意义，要做到两者平衡，相互促进。

56. 平衡听闻与求证

"谈说制文，援引古昔，必须眼学，勿信耳受。江南闾里间，士大夫或不学问，羞为鄙朴，道听途说，强事饰辞。"

——颜之推《颜氏家训·勉学》

颜之推告诫子孙：在交流、讲话或写文章引用典故时，一定要自己亲眼看到文献，而不能道听途说，因为眼见为实，耳听为虚。那些喜欢道听途说的人大多不学无术，他们不愿意读书和思考，又羞于在人前显得粗鄙和没文化，因此就将从一个人那里听到的内容转告给另一个人，或者将在一个场合听到的消息用在另一个场合，勉强粉饰自己的无知。

当然，对于这样的道听途说和粉饰无知的行为，当事人常不自知，因为在人际社会中，人们一般不会随便拆穿另一个人的虚妄和无知，充其量只是一笑而过。也正因为这样，一些不学无术之人会永远沉醉在自认为的"聪明"和"讨巧"的梦幻中，甚至会将从甲处道听途说的内容一段时间后再复述给甲听，这样的尴尬只有听的人知道，说的人可能永远不知道。

在一个高度信息化的社会，信息传播速度很快，源头和真相很快就被淹没，很难考证，因此我们在使用网络信息时要注意辨别，特别是在传播与自己专业领域不相干的知识时更要谨慎，要警惕"三人成虎"的谣言传播。

父母应教育孩子从小说话言之有据，话出有根，而要做到这一点，就要多读书，多读经典，读原典，这样才能获得自己的真实理解，而不人云亦云。别人的评述与二手资料只能用来验证自己的理解以及拓宽自己的认识范围。当一个社会中的人们不是在阅读中获得智慧，而只是利用快速的通道获得信息，那么他们本身的知识不会得到真正增长，增长的只是冗余的信息，信息爆炸并不意味着知识爆炸。

【原文】

夫文字者，坟籍[一]根本。世之学徒，多不晓字：读五经者，是徐邈[二]而非许慎[三]；习赋诵者，信褚诠[四]而忽吕忱[五]；明史记者，专徐、邹而废篆籀(六)；学汉书者，悦应、苏而略苍、雅。不知书音是其枝叶，小学(七)乃其宗系。至见服虔(八)、张揖(九)音义则贵之，得通俗、广雅而不屑。一手之中，向背如此，况异代各人乎？

夫学者贵能博闻也。郡国山川，官位姓族，衣服饮食，器皿制度，皆欲根寻，得其原本；至于文字，忽不经怀(十)，己身姓名，或多乖舛(十一)，纵得不误，亦未知所由。近世有人为子制名：兄弟皆山傍立字，而有名峙者；兄弟皆手傍立字，而有名机者；兄弟皆水傍立字，而有名凝者。名儒硕学，此例甚多。若有知吾钟之不调(十二)，一何可笑。

吾尝从齐主幸并州，自井陉关入上艾县，东数十里，有猎闾村。后百官受马粮在晋阳东百余里亢仇城侧。并不识二所本是何地，博求古今，皆未能晓。及检字林、韵集，乃知猎闾是旧䝁余聚(十三)，亢仇旧是禐鈗亭(十四)，悉属上艾。时太原王劭欲撰乡邑记注，因此二名闻之，大喜。

吾初读庄子"螝(十五)二首"，韩非子曰："虫有螝者，一身两口，争食相龁，遂相杀也。"茫然不识此字何音，逢人辄问，了无解者。案：尔雅诸书，蚕蛹名螝，又非二首两口贪害之物。后见古今字诂，此亦古之虺(十六)字，积年凝滞，豁然雾解。

尝游赵州，见柏人城北有一小水，土人亦不知名。后读城西门徐整碑云："洦(十七)流东指。"众皆不识。吾案说文，此字古魄字也，洦，浅水貌。此水汉来本无名矣，直以浅貌目之，或当即以洦为名乎？

世中书翰，多称勿勿，相承如此，不知所由，或有妄言此忽忽之残缺耳。案：说文："勿者，州里所建之旗也，象其柄及三斿(十八)之形，所以趣(十九)民事。故悤遽(二十)者称为勿勿。"

吾在益州，与数人同坐，初晴日晃，见地上小光，问左右："此是何物？"有一蜀竖(二十一)就视，答云："是豆逼耳。"相顾愕然，不知所谓。命取将来，乃小豆也。穷访蜀土，呼粒为逼，时莫之解。吾云："三苍、说文，此字白下为匕，皆训粒，通俗文音方力反。"众皆欢悟。

愍楚(二十二)友婿窦如同从河州来，得一青鸟，驯养爱玩，举俗呼之为鹖。吾曰："鹖(二十三)出上党，数曾见之，色并黄黑，无驳杂也。故陈思王鹖赋云：'扬玄黄之劲羽。'"试检说文："鴧(二十四)雀似鹖而青，出羌中。"韵集音介。此疑顿释。

梁世有蔡朗者讳纯，既不涉学，遂呼莼为露葵。面墙之徒，递相仿效。承圣中，遣一士大夫聘齐，齐主客郎李恕问梁使曰："江南有露葵否？"答曰："露葵是莼，水乡所出。卿今食者绿葵菜耳。"李亦学问，但不测彼之深浅，乍闻无以核究。

思鲁等姨夫彭城刘灵，尝与吾坐，诸子侍焉。吾问儒行、敏行曰："凡字与谘议(二十五)名同音者，其数多少，能尽识乎？"答曰："未之究也，请导示之。"吾曰："凡如此例，不预研检，忽见不识，误以问人，反为无赖(二十六)所欺，不容易(二十七)也。"因为说之，得五十许字。诸刘叹曰："不意乃尔！"若遂不知，亦为异事。

校定书籍，亦何容易，自扬雄、刘向，方称此职耳。观天下书未遍，不得妄下雌黄(二十八)。或彼以为非，此以为是；或本同末异；或两文皆欠，不可偏信一隅(二十九)也。

【注释】

（一）坟籍：书籍，典籍。

（二）徐邈：东晋时期的官员，其人姿性端雅，勤行励学。

（三）许慎：字叔重，东汉时期著名的经学家、文字学家。历近三十年时间编撰了《说文解字》，使汉字的形、音、义趋于规范和统一。

（四）褚诠：生平事迹不详，疑为撰写十卷《百赋音》的褚诠之。

（五）吕忱：晋代文字学家，《字林》一书的撰著者。

（六）篆籀：zhuàn zhòu，篆文和籀文。

（七）小学：研究文字字形、字义及字音的学问，包括文字学、声韵学及训诂学等。

（八）服虔：字子慎，东汉经学家，撰有《春秋左氏传解谊》。

（九）张揖：字稚让，三国时魏国清河人。所著《埤苍》《古今字诂》已佚，存者有《广雅》。

（十）忽不经怀：忽，粗心，不注意；不经怀，不经心。

（十一）乖舛：guāi chuǎn，谬误、差错。

（十二）钟之不调：这里指听不出不协调。

（十三）𤁋余聚：𤁋，liè；聚，邑落曰聚。

（十四）䙅釚亭：䙅，mǎn；釚，qiú。亭名。

（十五）虵：古同"虺"，蛇。

（十六）虺：huǐ，古书上说的一种毒蛇。

（十七）泊：pò，浅水。

（十八）斿：liú，古同“旒”，古代旌旗边缘上悬垂的装饰品。

（十九）趣：古同“促”，催促，急促。

（二十）悤遽：悤，cōng，同“匆”；遽，jù，急，仓促。

（二十一）竖：旧称未成年的僮仆。

（二十二）愍楚：颜之推次子。

（二十三）鹖，hé，一种像雉而善斗的鸟。

（二十四）鸠：jiè，鸟名。

（二十五）谘议：为刘灵官名，在晚辈面前不宜直呼刘灵之名，故举其官号。

（二十六）无赖：品行不端、放荡撒野的人。

（二十七）容易：轻易，随便，满不在乎。

（二十八）雌黄：古人用雌黄来涂改文字，因此称乱改文字、乱发议论为“妄下雌黄”，称不顾事实、随口乱说为“信口雌黄”。

（二十九）隅：yú，角落。

【今解】

57. 平衡接受与辩论

> “夫文字者，坟籍根本。世之学徒，多不晓字……不知书音是其枝叶，小学乃其宗系。”
>
> ——颜之推《颜氏家训 · 勉学》

颜之推在这里和子孙讨论了文字学对学习研究典籍的重要意义。他认为文字是所有书籍的根本，不能被忽略，但当时的大多数读书人并没有把字义搞通。文字学在中国古代被称为“小学”，不是小学问的意思，而是指孩子到了入学阶段首先要学习的文字知识。隋唐以后用“小学”来统称文字学、训诂学和音韵学。

读书首先需要弄清楚文字的确切意义，以及字义的流变和现在的通俗意义。因为文字是人们用来表述人事、情感、价值观的符号，也是人们思想的基本构建元素。在古代，判断一个人有没有学问，一个重要的标准就是看他能掌握文字的多少与深浅。

我们用文字交流、讨论问题，首先就要了解文字所表达的概念与事实之间的关系，也就是大家所说的是不是同一件事，否则辩论就没有意义。中国古代诸子百家中有一派是“名家”，所论述的重点就是“名”“实”之间的关系。如果两个人讨论得热火朝天或者争得面红耳赤，但是最终发现他们讨论的不是同一个问题，虽然所用的文字相同，但是文字背后所指并非一物。这样就会越辩越混乱。

孩子的学习成长就是从概念开始的，如他第一次喊出了“妈妈”，然后对所有亲近的人都喊“妈妈”，在成人的哄笑与指导下，他慢慢区分了家里所有人的称呼。因此，孩子的学习都是从混沌状态开始的，有想当然，有囫囵吞枣，但是只要不放弃学习，不放弃尝试错误，那么他一定会慢慢地将这个世界进行更精确的区分。

父母要教育孩子不要把精力放在与人无谓的辩论上，因为我们讨论的问题可能不是真正的问题，而是自以为是的观念，每个人只是在表述自己的看法和观念。比如，现实中有人认为中国的教育就是“听话”的教育，把人都教成不思考的“傻子”了；也有人认为人首先需要“听话”，这样才能在复杂的社会中生存下来，“听话”就是遵从规则。持这两种观点的人所说的并不是同一件事，如果让他们把自己的“听话”概念说清楚，就不需要辩论，不是同一件事辩论起来是没有意义的。

58. 平衡博闻与钻研

“夫学者贵能博闻也……至于文字，忽不经怀，己身姓名，或多乖舛，纵得不误，亦未知所由……并不识二所本是何地，博求古今，皆未能晓……茫然不识此字何音，逢人辄问，了无解者……见柏人城北有一小水，土人亦不知名……世中书翰，多称勿勿，相承如此，不知所由……得一青鸟，驯养爱玩，举俗呼之为鹖……梁世有蔡朗者讳纯，既不涉学，遂呼莼为露葵。面墙之徒，递相仿效……校定书籍，亦何容易，自扬雄、刘向，方称此职耳。观天下书未遍，不得妄下雌黄……”

——颜之推《颜氏家训 · 勉学》

这是“勉学”篇里后几段文字，颜之推从人名、地名、水名、鸟名、菜名等方面论述了博学与钻研的关系，强调了博闻的重要性。他告诫子孙，只有博闻才能不人云亦云，才能不听信妄人的讹传，才能不被别有用心的人牵着鼻子走，才能不自以为是地妄下结论。

整个“勉学”篇除了勉励子孙认真读书，以读书学习为第一要务外，还教会子孙如何读书，前半部分强调读书要专，只有专才能学有所长；后半部分强调读书要广博，只有广博才能不固守自己的陋见，才能不成为“面墙之徒”。

这些言论观点对当下孩子成长与家庭教育都有启发，但是我们不能囿于部分章句的意思，而要把握其精神实质。时代在发展，知识在变迁，承载知识、传播知识的工具也在发生快速变化，特别是网络搜索功能日益强大，这些都让我们获得知识的途径变得越来越宽，速度越来越快。当然，不是说系统读书、广泛阅读变得不再重要，而是网络提供了海量信息，导致知识的不确定性也在增加，所以读经典、读原典就显得更为重要。获取知识的便利可能会让知识变得越来越不可靠，这是不争的事实。

颜之推通过对当时存在的士族子弟不思进取、不学无术现象的批判，告诫子孙不能被这一社会风气所污染，要有清晰、长远的思考。

当然，“勉学”篇中的思想还可以扩展到现代社会中的许多方面。如无论从事什么行业都需要认真钻研，这样才能在自己的领域里成为佼佼者。这个世界没有任何行业不成就人，所谓“三百六十行，行行出状元”，但是要想干好一行，就需要认真琢磨、研究，直至成为这个领域的专家。我认为，只要走正道，就没有败坏人的职业；如果一个人不勤奋踏实，不走正道，就会成为败坏职业的人。

同时，任何“专”都需要以广博作为基础，否则就会失去丰厚的营养来源。孩子从小需要涉猎各方面的学问，以避免只是从一个方面去认识这个世界。

“勉学”篇说的是做学问，启发我们的却是全方位做人、做事的道理。

卷第四

九、“文章”篇

【原文】

夫文章者，原出“五经”：诏命策檄[一]，生于书者也；序述论议，生于易者也；歌咏赋颂，生于诗者也；祭祀哀诔[二]，生于礼者也；书奏箴铭[三]，生于春秋者也。朝廷宪章，军旅誓诰，敷显仁义，发明功德，牧民建国，施用多途。至于陶冶性灵，从容讽谏，入其滋味，亦乐事也。行有余力，则可习之。然而自古文人，多陷轻薄：屈原露才扬己，显暴君过；宋玉体貌容冶，见遇俳优[四]；东方曼倩，滑稽不雅；司马长卿，窃赀[五]无操；王褒过章[六]僮约；扬雄德败[七]美新；李陵降辱夷虏；刘歆反覆莽世；傅毅党附权门；班固盗窃父史；赵元叔抗竦过度；冯敬通浮华摈压；马季长佞媚获诮；蔡伯喈同恶受诛；吴质诋忤[八]乡里；曹植悖慢犯法；杜笃乞假无厌[九]；路粹隘狭已甚；陈琳实号粗疏；繁钦性无检格；刘桢屈强输作[十]；王粲率躁见嫌；孔融、祢衡，诞傲[十一]致殒；杨修、丁廙，扇动取毙；阮籍无礼败俗；嵇康凌物凶终；傅玄忿斗免官；孙楚矜夸凌上；陆机犯顺履险；潘岳干没[十二]取危；颜延年负气摧黜[十三]；谢灵运空疏[十四]乱纪；王元长凶贼自诒[十五]；谢玄晖侮慢见及。凡此诸人，皆其翘秀者，不能悉纪，大较如此。至于帝王，亦或未免。自昔天子而有才华者，唯汉武、魏太祖、文帝、明帝、宋孝武帝，皆负世议，非懿德之君也。自子游、子夏、荀况、孟轲、枚乘、贾谊、苏武、张衡、左思之俦[十六]，有盛名而免过患者，时复闻之，但其损败居多耳。每尝思之，原其所积，文章之体，标举兴会，发引性灵，使人矜伐[十七]，故忽于持操[十八]，果于进取。今世文士，此患弥切，一事惬当，一句清巧，神厉九霄，志凌千载，自吟自赏，不觉更有傍人。加以砂砾所伤（十九），惨于矛戟；讽刺之祸，速乎风尘，深宜防虑，以保元吉（二十）。

【注释】

（一）诏命策檄：诏命，皇帝的命令；策檄，策文、檄文的统称。

（二）哀诔：文体名。叙述死者生平并致哀悼之情，多以韵文写成。

（三）书奏箴铭：书奏，指书简、奏章等；箴铭，箴是规诫性的韵文，铭在古代常刻在器物上或碑石上，兼用于规诫、褒赞。均为文体名。

（四）见遇俳优：见遇，被当作；俳优，古代演滑稽戏杂耍的艺人。

（五）窃赀：qiè zī，同"窃訾"，指占有别人的资财。

（六）过章：指王褒在文章里自曝其私入寡妇之门。

（七）德败：指扬雄在文中歌颂王莽新朝。

（八）诋忤：诋，通"抵"。触忤，冒犯。

（九）乞假无厌：乞假，借贷；无厌，不满足、没有节制。

（十）屈强输作：屈强，倔强；输作，因犯罪被罚作劳役。

（十一）诞傲：狂放傲慢。

（十二）干没：侵吞他人财物。

（十三）摧黜：cuī chù，废退。

（十四）空疏：空虚、空洞、浅薄，没有实在的内容。

（十五）自诒：诒，同"贻"，给。咎由自取。

（十六）俦：chóu，同辈，伴侣。这里指同一类的人物。

（十七）矜伐：恃功自夸。

（十八）持操：执持操守。

（十九）砂砾所伤：细小的伤害，这里指言语所带来的祸害。

（二十）元吉：大吉，洪福。

【今解】

59. 平衡学问与道德

"每尝思之，原其所积，文章之体，标举兴会，发引性灵，使人矜伐，故忽于持操，果于进取。今世文士，此患弥切，一事惬当，一句清巧，神厉九霄，志凌千载，自吟自赏，不觉更有傍人。加以砂砾所伤，惨于矛戟；讽刺之祸，速乎风尘，深宜防虑，以保元吉。”

——颜之推《颜氏家训·文章》

这是颜之推和子孙探讨文章一事的第一部分，他没有马上教导子孙如何写好文章，而是首先告诉子孙，文章有哪些类型，它们的体裁大体上都是来自五经（《诗经》《尚书》《周易》《礼记》《春秋》）。他认为“行有余力，则可习之”，也就是首先要践行孝道仁义，如果还有精力，可以钻研这些学问，否则文章就会显得轻薄。

颜之推认为文章的本质是抒发性情，表达情感，但是很容易使人恃才自傲，甚至指点江山、雄视千载，不知道世上还有旁人在看着自己，更不知道自己的文章对别人的伤害有多大。按照颜氏的说法，人在得意忘形之时所写的文字常常夹枪带棒，对别人的伤害可能比矛、戟等武器还要大。他告诫子孙，对于自己的才能和文章要时刻保持清醒，不要让自己处于激情和失控的状态，这样才能保证平安祥和的生活。

这样的规训是值得每个人引以为戒的，当然我们现在处于文明社会，再也不是古代皇权专制的时代，每个人都可以表达自己对世事的看法，每个人都可以激扬文字，形成自己独特的个性，因此现在的父母只管让孩子的才华肆无忌惮地发挥，而很少考虑这样做是不是会伤害到别人，是不是会招来灾祸。事实上这样的情况还是存在的，如有些人凭借自己的文字和不严谨的观点信口雌黄，造成对别人名誉的伤害，从而招来官司。也有人用自己的“聪明才智”创造出对社会造成伤害的产品，如有些人学习“黑客”技术，本来是想表现自己的“聪明”，但是最终可能会被别人利用，或者自己没能守住法律的底线，走上犯罪的道路，这些都需要引以为戒。父母应当引导孩子做学问以道德为先。

【原文】

学问有利钝，文章有巧拙。钝学累功，不妨精熟；拙文研思，终归蚩鄙[一]。但成学士，自足为人。必乏天才，勿强操笔。吾见世人，至无才思，自谓清华，流布丑拙，亦以众矣，江南号为诗痴符。近在并州，有一士族，好为可笑诗赋，诮撆[二]邢、魏诸公，众共嘲弄，虚相赞说，便击牛釃酒[三]，招延声誉。其妻，明鉴妇人也，泣而谏之。此人叹曰："才华不为妻子所容，何况行路[四]！"至死不觉。自见之谓明，此诚难也。

学为文章，先谋亲友，得其评裁，知可施行，然后出手；慎勿师心[五]自任，取笑旁人也。自古执笔为文者，何可胜言。然至于宏丽精华，不过数十篇耳。但使不失体裁，辞意可观，便称才士；要须动俗盖世，亦俟河之清[六]乎！

【注释】

（一）蚩鄙：chī bǐ，蚩，通"媸"。粗野拙劣。

（二）诮撆：撆，piē。嘲弄，戏弄。

（三）击牛釃酒：釃，shāi，滤。这里指杀牛滤酒，以酒食款待人。

（四）行路：路人，陌生人。

（五）师心：以己之心为师，自以为是。

（六）俟河之清：俟，sì，等待。等待黄河变清，比喻期望的事情难以实现。

【今解】

60. 平衡灵性与踏实

> "学问有利钝，文章有巧拙。钝学累功，不妨精熟；拙文研思，终归蚩鄙。但成学士，自足为人。必乏天才，勿强操笔。吾见世人，至无才思，自谓清华，流布丑拙，亦以众矣……自见之谓明，此诚难也。"
>
> ——颜之推《颜氏家训·文章》

在这里，颜之推指出了学问与文章的区别，同时告诫子孙要有自知之明，尽管这很难做到。学问和文章是两个不同的概念，现在还是常常被人们混淆。学问是对一个问题的研究，这样的研究有做得好的，也有做得不到位、不能让大家信服的。文章的好坏在于构思与文字是精巧还是拙劣，精巧的文章让人赏心悦目，拙劣的文章让人读起来味同嚼蜡。

颜之推认为，做学问能看出一个人的耐力和仔细程度，而写文章则能看出一个人的灵性，所谓文如其人。

接下来，颜之推指出当时不少士族子弟缺乏自知之明，附庸风雅，既不下功夫做学问，又没有才情，却还要到处标榜自己的学问、文章，“乏天才”“强操笔”，甚至还热衷找一些名人来为自己装点门面。别人礼貌性地夸他两句，他就以为自己已做成千古文章。“无才思”却“自谓清华”，把自己拙劣的文章到处宣扬，结果是在世人面前出丑。颜之推告诫子孙要有自知之明，不要好大喜功。

长辈希望子孙不要在外面丢人现眼，是可以理解的，但是，如何做到拥有自知之明，就连颜之推也说“此诚难也”。因此，现代父母要善于发现孩子的长处与天分，鼓励孩子发展自己的特长，表达自己的天分。如果父母始终不能协助孩子发现自己的优势，不仅会让孩子的天分被长期掩盖，还会让孩子进入自己不擅长的领域生活、工作，这是人才的极大浪费。

在现代社会，父母应教导子女要勤奋做学问、踏实做人，但是不能因为担心被人嘲笑而畏首畏尾，不敢去探索自己的优势与特长。这个时代变得更加宽容，每个人都要解放自我，发现自我，探索自我，从而成就自我。

61. 平衡律己与待人

“学为文章，先谋亲友，得其评裁，知可施行，然后出手；慎勿师心自任，取笑旁人也。自古执笔为文者，何可胜言。然至于宏丽精华，不过数十篇耳。但使不失体裁，辞意可观，便称才士；要须动俗盖世，亦俟河之清乎！”

——颜之推《颜氏家训·文章》

颜之推教导自己的子孙，要想自己写出来的文章拿到世人面前不至于出丑，最好先在自己亲友面前讨教，请他们点评，亲友们觉得差不多了，再拿出去给别人看。在颜之推看来，只有亲友会认真对待你的文章，不会有外面的那些客套，不会奉承你，也不会掩藏自己的观点，所以找亲友先看不失为一种好方法。同样地，当看到别人写的文章时，不要自以为是地取笑别人，这是“己所不欲，勿施于人”的做人准则在这里的真实反映，一方面从别人的角度教导子孙如何避免被嘲笑，另一方面从自己的角度教训子孙不要任性。

接着，颜之推指出，一篇好文章只要体裁正确，恰当地表情达意就可以了，能写出这样文章的人就算是有才之人，然后强调从古到今能称得上精美绝伦的文章也不过几十篇。这里，颜之推告诫子孙对写文章这件事既要有敬畏心，又要不畏首畏尾，即要小心撰写，虚心求教，大胆表达。

今天，我们对文章的态度可能没有这么谨慎，因为现在对好文章的评价标准与一千多年前还是有所区别的，且现在的文章种类繁多，不同文章之间的标准也是千差万别，有人热衷于写“鸡汤”美文，有人执着于奇异玄幻小说，有人偏爱传统经典……总之，在多元化的社会里，我们不再被一种模式所左右，每个人可以用自己擅长的方式做“文章”，用它来表达自己，或者谋生。

撇开颜氏对文章的理解，作为父母的我们教导孩子如何谨慎对待自己和别人，这是十分紧要的问题。要严于律己，宽以待人，是颜之推通过言说文章之事传达出来的对子孙的忠告。在今天，对同一件事，不同的人有不同的理解和态度。我们需要严格要求自己，要有主心骨，要有自己的核心价值观，不能做“墙头草”。另外，对待别人认同的价值观要宽容，在坚守自己价值观的同时不能诋毁别人的价值观，要善于从别人的角度看待问题，才能真正做到“三人行，必有我师”。

【原文】

不屈二姓，夷、齐(一)之节也；何事非君，伊、箕(二)之义也。自春秋已来，家有奔亡，国有吞灭，君臣固无常分矣；然而君子之交绝无恶声，一旦屈膝而事人，岂以存亡而改虑？陈孔璋居袁裁书，则呼操为豺狼；在魏制檄，则目绍为蛇虺。在时君所命，不得自专，然亦文人之巨患也，当务从容消息(三)之。

或问扬雄曰：“吾子少而好赋？”雄曰：“然。童子雕虫篆刻，壮夫不为也。”余窃非之曰：虞舜歌南风之诗，周公作鸱鸮之咏，吉甫、史克雅、颂之美者，未闻皆在幼年累德也。孔子曰："不学诗，无以言。""自卫返鲁，乐正，雅，颂各得其所。"大明孝道，引诗证之。扬雄安敢忽之也？若论"诗人之赋丽以则，辞人之赋丽以淫"，但知变之而已，又未知雄自为壮夫何如也？著剧秦美新，妄投于阁，周章怖慑(四)，不达天命，童子之为耳。桓谭(五)以胜老子，葛洪(六)以方仲尼，使人叹息。此人直以晓算术，解阴阳，故著太玄经，数子为所惑耳；其遗言余行，孙卿、屈原之不及，安敢望大圣之清尘(七)？且太玄今竟何用乎？不啻(八)覆酱瓿(九)而已。

【注释】

（一）夷、齐：伯夷、叔齐，商末孤竹君之二子。相传其父遗命要立次子叔齐为继承人。孤竹君死后，叔齐让位给伯夷，伯夷不受，叔齐也不愿登位，先后都逃到周国。周武王伐纣，二人叩马谏阻。武王灭商后，他们耻食周粟，采薇而食，饿死于首阳山。

（二）伊、箕：伊，伊尹，历事商朝五代君主，为商朝强盛立下汗马功劳。箕，箕子，殷商末期人，与微子、比干在商朝末年齐名，并称"殷末三仁"。

（三）消息：斟酌。

（四）怖慑：bù shè，恐怖。

（五）桓谭：东汉哲学家、经学家。提出"以烛火喻形神"的有名论点，断言精神不能离开人的形体而独立存在，正如烛光不能脱离烛体而存在一样，促进了后来的无神论的发展。

（六）葛洪：东晋时期著名的道教学者。

（七）大圣之清尘：大圣，古谓道德最完善、智能最超绝、通晓万物之道的人；清尘，对尊贵者的敬称。

（八）不啻：啻，chì，只。如同。

（九）覆酱瓿：覆，盖；瓿，bù，盛东西的器物。这里指著作的价值不为人所认识，只能用来盖酱瓿而已。

【今解】

62. 平衡利益与操守

"不屈二姓，夷、齐之节也；何事非君，伊、箕之义也。自春秋已来，家有奔亡，国有吞灭，君臣固无常分矣；然而君子之交绝无恶声，一旦屈膝而事人，岂以存亡而改虑？陈孔璋居袁裁书，则呼操为豺狼；在魏制檄，则目绍为蛇虺。在时君所命，不得自专，然亦文人之巨患也，当务从容消息之。”

——颜之推《颜氏家训·文章》

在颜之推等古代儒家学者看来，文章就是操守，写什么文字，说什么话，居于什么立场，都反映了文人的气节，“忠”“孝”是儒家重要的为人准则，在家为孝，在外为忠。因此自古以来儒家学者都特别看重一个人的气节，如在这里颜氏首先表彰了伯夷、叔齐在商灭亡后拒绝归降周朝，绝食而亡的节操。接着他又例举了另外两位历史上的贤人：一是生于夏朝的伊尹，他帮助成汤灭夏建商，被称为“商朝元圣”；二是商朝末年与比干、微子并称为“殷末三仁”的箕子，武王灭商后曾来向他请教，他为了不说故国一句坏话，保持缄默，最终带着家人逃亡。

颜氏在这里举这些例子是为了说明在政权更替频繁的时期，君臣之间没有固定的名分，但是即使改弦易张也不要诋毁前人，否则就是人格有大缺陷。然后，他举了三国“建安七子”陈琳的例子，陈琳在袁绍身边时大骂曹操是豺狼之人，归降曹操后又大骂袁绍为蛇蝎之辈，这种做法为传统士大夫所不齿。颜之推很客观地说明了文人的为难之处，他们往往受主人的指使，自己并没有什么主动权，但是即使如此，文人也还是需要斟酌再三。

我们从文字中可以看出来颜之推的纠结心态：从士大夫的骨气节操来看，人们要学习伯夷、叔齐，但现实又让人们常常成了伊尹和箕子，更不堪的是有时还需要和陈琳一样，不得不做“墙头草”，当然这也是无可奈何之事。他没有给子孙以标准答案，只是让他们斟酌，把选择权交给了他们，要做什么样的人自己看着办。作为父亲，颜之推希望孩子既不要招来杀身之祸，又不希望他们背上永久的历史耻辱，如何两全在那个时代是无解的。

今天，父母教导孩子时可能没有那么纠结，因为我们的选择权更大了。父母要教导孩子遵循自己的良知去做事，不要为了利益而放弃自己坚持的价值观和人生观。教育孩子，不仅要他们快乐幸福，还需要教导他们做一个有骨气、有操守的人。

【原文】

齐世有席毗者，清干(一)之士，官至行台尚书，嗤鄙(二)文学，嘲刘逖云：“君辈辞藻，譬若荣华，须臾之玩，非宏才也；岂比吾徒千丈松树，常有风霜，不可凋悴(三)矣！”刘应之曰：“既有寒木，又发春华，何如也？”席笑曰：“可哉！”

凡为文章，犹人乘骐骥(四)，虽有逸气，当以衔勒(五)制之，勿使流乱轨躅(六)，放意(七)填坑岸(八)也。

【注释】

（一）清干：清廉干练，清明能干。

（二）嗤鄙：讥笑，鄙视。

（三）凋悴：衰败憔悴。

（四）骐骥：骏马，良马。

（五）衔勒：马嚼口和马络头，常比喻法纪。

（六）轨躅：guǐ zhú，车轮轧过之痕迹，比喻前人的遗范或法则、规范。

（七）放意：纵情，恣意。

（八）坑岸：坑堑，沟壑。

【今解】

63. 平衡坚守与开放

“齐世有席毗者，清干之士，官至行台、尚书，嗤鄙文学，嘲刘逖云：‘君辈辞藻，譬若荣华，须臾之玩，非宏才也；岂比吾徒千丈松树，常有风霜，不可凋悴矣！’刘应之曰：‘既有寒木，又发春华，何如也？’席笑曰：‘可哉！’”

——颜之推《颜氏家训·文章》

文章的体裁不同，发挥的功能也不同，不可能要求一种文体实现所有的功能。我们每个人都有自己擅长的写作文体，有人偏重说理，有人长于抒情。

颜之推在这里向子孙呈现了席毗和刘逖的对话，作为尚书的席毗看不上刘逖写的文学作品，认为这些文字都是些华美辞藻，就像那些开得美好的花，看着玩玩还行，但是终归不长久，也不是什么大学问，不能经世致用，这些像花草的东西怎么能和高大挺拔的松树相比，劲松即使遇到风霜，也不会被摧毁，还会更加挺拔。言下之意：你们那些美文怎么能和充满着家国情怀的作品相比。刘逖的回答充分体现了文学的个性，他不直接参与辩论，而是退一步用更柔软的方式表达了自己的态度，他说："如果一个作品既有青松的矫健与挺拔，又有花草的美丽与芬芳，这样可以吗？"席尚书笑了："这样就再好不过了。"（不知道席尚书的笑是什么意思，是赞同还是觉得痴人说梦话，不值得一辩？）

这样的讨论在今天的社会每时每刻都在上演，比如，关于玩电子游戏的讨论，正方认为玩电子游戏会让人玩物丧志，主张要关掉所有网吧和网络游戏；反方则认为从小训练孩子既会玩游戏又能做到自控会更好。

其实，生活不是非黑即白，而是充满着各种绚烂的色彩。父母在和孩子讨论问题时，孩子因为不成熟会固守自己的观点，会为自己辩护，会认为自己的观点是正确的，而父母也认为自己的观念是正确的，这样就会形成针锋相对的局面，每个人都在钻牛角尖，其结果是每个人都抱着自己的观点不放，永远不会用开放的心态去面对彼此。

当双方都固执的时候，每个人都想用自己的观点说服对方，逻辑上看是彼此都会给对方带来启发，而现实是每个人都不会认真考虑对方的想法，只是简单地给对方贴上一个标签。

因此，为了营造更加包容的家庭教育环境，为了培养更加灵动、丰富的孩子，父母需要有走出"此""彼"之外第三条道路的勇气与智慧。

64. 平衡放纵与节制

"凡为文章，犹人乘骐骥，虽有逸气，当以衔勒制之，勿使流乱轨躅，放意填坑岸也。"

——颜之推《颜氏家训·文章》

做人、做事、写文章，在古人看来应该是一体的，我们从这样的角度看颜之推的家训，既能领略他为人、教子和写文章的心态，也能获得更立体的启发。

在这里颜之推告诫子孙写文章就像骑马，不能恣意放纵，特别是在春风得意之时，更要有意识控制马的速度，要懂得节制，不让马跑得过快从而偏离轨道，否则，最终只能栽到坑里。

这样的道理用在写作中很有针对性，写作者都会有这样的体验：当情绪到了极点时最好不要执笔写文章，这时写出来的文字自己感觉很好，但是通常会因为情到极致，做不到能放能收，而是一味地宣泄情绪，整篇文章难以做到跌宕起伏和抑扬相宜。

同样的道理用现代科学的控制论的反馈概念可以解释，当整个系统都处于正反馈中，没有了负反馈的节制和调节，系统就会快速走向崩溃。一篇文章就是一个系统，说理要做到不偏不倚才能以理服人，抒情要做到华实相济才能以情动人。

教育孩子犹如写文章，现代父母不要看到目前的学校教育存在着部分问题，就完全否定它，而是要考虑如何利用家庭教育和社会教育来弥补学校教育的不足，发挥家庭、社会和学校的不同特征，这是平衡的、积极的思维。

现代教育鼓励孩子有个性，但是父母应当注意，个性张扬的“教育正确”不能以其他能力的削弱为代价，不能把应有的规则要求当成对孩子个性的压抑。况且，很多时候孩子的行为并不是个性表达，而是任性妄为，是对人类共同生活规范的挑战，在这个问题上我们都需要有点常识，而不是随意解释我们看到的概念，否则最终会把教育带到“坑”里去。

【原文】

文章当以理致（一）为心肾，气调（二）为筋骨，事义（三）为皮肤，华丽为冠冕。今世相承，趋末弃本，率多浮艳（四）。辞与理竞，辞胜而理伏；事与才争，事繁而才损。放逸者流宕（五）而忘归，穿凿（六）者补缀（七）而不足。时俗如此，安能独违？但务去泰去甚（八）耳。必有盛才重誉，改革体裁者，实吾所希。

古人之文，宏材逸气，体度风格，去今实远；但缉缀疏朴(九)，未为密致耳。今世音律谐靡，章句偶对，讳避精详，贤于往昔多矣。宜以古之制裁为本，今之辞调为末，并须两存，不可偏弃也。

吾家世文章，甚为典正，不从流俗；梁孝元在蕃邸(十)时，撰西府新文，讫(十一)无一篇见录者，亦以不偶于世，无郑、卫之音故也。有诗、赋、铭、诔、书、表、启、疏二十卷，吾兄弟始在草土(十二)，并未得编次，便遭火荡尽，竟不传于世。衔酷茹恨(十三)，彻于心髓！操行见于梁史文士传及孝元怀旧志。

【注释】

（一）理致：义理情致。用现在的语言就是思想感情。

（二）气调：气韵才调。

（三）事义：作品所运用的典故，以典故比喻事物的意义。

（四）浮艳：轻浮华艳。

（五）流宕：流浪漂泊，这里指文章流利纵肆。

（六）穿凿：非常牵强地解释，硬说成具有某种意思。

（七）补缀：辑录，收集记录。

（八）去泰去甚：去其过甚，谓事宜适中。

（九）缉缀疏朴：缉缀，编辑缀合；疏朴，不够严密细致。

（十）蕃邸：指梁元帝萧绎任湘东王时。

（十一）讫：qì，最终，终了。

（十二）草土：指居亲丧。

（十三）衔酷茹恨：衔酷，心怀惨痛之情；茹恨，饮恨，含恨。

【今解】

65. 平衡能力与时机

“文章当以理致为心肾，气调为筋骨，事义为皮肤，华丽为冠冕。今世相承，趋末弃本，率多浮艳。辞与理竞，辞胜而理伏；事与才争，事繁而才损。放逸者流宕而忘归，穿凿者补缀而不足。时俗如此，安能独违？但务去泰去甚耳。必有盛才重誉，改革体裁者，实吾所希。”

——颜之推《颜氏家训·文章》

颜之推早年喜好老庄，后来又钻研儒家。论述中，他用老子的“是以圣人去甚，去奢，去泰”告诫子孙，写文章不要走极端，不要只顾辞藻华美而忘却了理义，否则只能落得“放逸者流宕而忘归”，即看起来文章飘逸流畅，但是失去了灵魂；也不要陈述事实过于烦琐，即使让人看到点滴才华，最终也只是“穿凿者补缀而不足”，即看起来事实有理有据，却让人感到累赘，没有文采。

他认为改革文风的事情，只有德高望重和才高品贤的人才能做。这样的论述从表面看很好理解，是颜之推对文风的理解与认识，他不鼓励自己的子孙做“出头鸟”，认为“时俗如此，安能独违”，这样的大事应由更有威望的人去做。

我认为，生在乱世的颜之推不像儒家学者中的激进派那么不顾一切地维护自己认同的道理，作为父亲的他希望子女学会审时度势，不要偏激，要等待时机，做自己能做的事。这一点也是值得现代父母学习的。

66. 平衡崇古与鉴今

“古人之文，宏才逸气，体度风格，去今实远；但缉缀疏朴，未为密致耳。今世音律谐靡，章句偶对，讳避精详，贤于往昔多矣。宜以古之制裁为本，今之辞调为末，并须两存，不可偏弃也。”

——颜之推《颜氏家训·文章》

时代不同，文章特点不同。颜之推认为古人的文章思想性强、内容丰富、气度非凡，和颜之推那个时代的文章有着极大的不同。不过，颜之推也认同他那个时代的文章音律整齐、繁复、美妙，常常运用有气势的排比和对仗，十分注意避讳等细节，这些方面比古人的文章强太多了。古人的文章可能存在文字质朴但构思不够精巧的问题。

颜之推主张古今风格的平衡，要做到既有思想性又有表现力，但是从“本末”的定位看，文章应该以思想性为“本”，即文章要有用，要能启迪人，做到经世致用；以辞令音韵等为“末”，不是说它们不重要，而是它们要为“本”服务，不能只是满足于外在的修饰，从而少了“大义”。

在今天，文章或者其他艺术形式的表达功能已经发生了巨大的变化，有传统的文以载道的功能，也多了娱乐功能。文章可以不要表达任何思想，只是为了宣泄情绪。我们不能说它没有价值，只是价值更为多元化而已。

当然，颜之推借论述“古”“今”文章的特点，教导子孙写文章要做到“古”“今”平衡，从不同时代汲取营养，这样的方式也是值得我们借鉴的。

为了说明今天的问题，如教育问题、社会问题或者儿童道德行为问题，现代人常常不分析当下的具体社会现实，只是套用古人典籍中的一些名言警句，认为古人把今人的很多问题都已经说得很清楚了，只要向古人学习就行，因此社会上出现了一股读“经”热潮。

以古鉴今是正确的思维方式，但是古人的言论和思想是基于当时的社会条件、社会理想提出来的，对个体、社会的发展与建设会有一定的启发意义，我们不能简单地照搬，而是要细心甄别其背后的价值。

父母需要引导子女，无论写文章还是做人，都要做到本末兼顾、古今平衡，理性地看待古今的差异，准确把握时代追求与发展方向。

【原文】

沈隐侯曰：“文章当从三易：易见事，一也；易识字，二也；易读诵，三也。”邢子才常曰：“沈侯文章，用事不使人觉，若胸臆[一]语也。”深以此服之。祖孝徵亦尝谓吾曰：“沈诗云：‘崖倾护石髓。’此岂似用事邪？”

邢子才、魏收俱有重名，时俗准的[二]，以为师匠。邢赏服沈约而轻任昉，魏爱慕任昉而毁沈约，每于谈宴，辞色以之[三]。邺下纷纭[四]，各有朋党。祖孝徵尝谓吾曰：“任、沈之是非，乃邢、魏之优劣也。”

【注释】

（一）胸臆：内心深处的想法。

（二）准的：准、的，都是指箭靶，即射击目标，故引申为标准。

（三）辞色以之：争得面红耳赤。

（四）纷纭：多而杂乱，这里指议论纷纷。

【今解】

67. 平衡深刻与浅显

“沈隐侯曰：‘文章当从三易：易见事，一也；易识字，二也；易读诵，三也。’邢子才常曰：‘沈侯文章，用事不使人觉，若胸臆语也。’深以此服之。祖孝徵亦尝谓吾曰：‘沈诗云：“崖倾护石髓。”此岂似用事邪？’”

——颜之推《颜氏家训·文章》

颜之推在这里用陈述别人对话的方式向子孙呈现了自己对好文章的看法。他认为好的文章有三个特点：一是用典故让人不觉得生硬，就像自己说出来的话一样自然、不做作；二是少用生僻字，让人阅读时没有障碍；三是音律押韵、对仗，读起来朗朗上口。

他着重举例说明了第一点：用典时应“易见事”。用典是很多文人“炫技”的点，因为很多文人都希望自己看起来有学问，有学问首先就表现为看的书多，博闻广记。在写文章时能娴熟地运用前人的典故，这可以凸显文采。但是，如果生硬或者过多地运用典故，给人的感觉一是太做作，明显带有炫耀的成分，让人觉得作者没有自己的思想，用的都是别人的语言与故事；二是太晦涩，“典”一般是有故事的，然而用典的语言是精简的，如“刻舟”“蛇影”等，看用典较多的文字对读者来说是考验，读者可能因为不完全知晓某个典故而产生阅读障碍。因此，颜之推告诫子孙写文章用典要谨慎适当，不要把优点用成了缺点。

我总是习惯于将写文章联想到培养人的问题上，因为作文、做事和做人很多时候是分不开的。用典的问题也是如此，如果一个人在写文章时过于“炫技”，彰显自己的“才华”，不能真正消化这些典故的意义，那么他要么食古不化，要么只是从自己出发，急于表达自我，不容易从读者的角度考虑问题。“易识字”“易读诵”也是这个意思，唐代诗人白居易每写成一首诗都会读给老妇人听，老妇人能听懂，他就抄录，否则就修改。我想这种精神也应该是对上述“三易”精神的传承吧。

父母应该培养孩子具备深刻的思想，但是深刻并不等于生硬，还要培养孩子浅显表达的能力，不能人为地用各种概念制造隔阂，抬高自己。

68. 平衡尊重权威与独立思考

> “邢子才、魏收俱有重名，时俗准的，以为师匠。邢赏服沈约而轻任昉，魏爱慕任昉而毁沈约，每于谈宴，辞色以之。邺下纷纭，各有朋党。祖孝徵尝谓吾曰：‘任、沈之是非，乃邢、魏之优劣也。’”
>
> ——颜之推《颜氏家训·文章》

在这里，颜之推没有给子孙太多的教导，也没有表明自己的态度，这也是《颜氏家训》的一大特点。他不板着面孔教训人，不试图扮演孩子的教师角色，常常就是通过一件事、一些人、一些现象陈述事实，让各种人生哲理寓于其中，他虽没有直接表明态度，但是他相信子孙的理解能力和选择辨别能力。

颜之推举了两位在当时学界有威望的重量级人物邢子才和魏收，这两位是那个时代的标杆，大家都向他们看齐，以他们为师。这两人也有各自欣赏的人，只是意见不一致：邢子才欣赏沈约而看不上任昉，魏收喜欢任昉而不看重沈约。这两位学界“大佬”每次遇到一起，谈天说地、喝酒交流时，都在这个问题上争得面红耳赤。这两位“大佬”都各有追随者，且人数众多。我们能够想象这些追随者和簇拥者也会就沈约和任昉孰优孰劣的问题展开针锋相对的辩论。祖孝徵曾对颜之推说，任昉和沈约的“是非”反映了邢子才和魏收的“优劣”。

祖孝徵没有明说“是非”是什么，也没有说“优劣”是什么，给我们留下了想象和讨论的空间。我想今天有一个现象可以与之相对照着看，那就是各个明星的“粉丝团”，以及在这些“粉丝”之间的各种争论、争吵，这些“粉丝”的状态看起来是反映了他们自身的素质，其实也反映了不同明星的经纪公司的定位与操作水平，不少“粉丝”只不过是被经纪公司有节奏地牵着鼻子走而已。

我想，颜之推是希望子孙能够悟出一些道理，一是文章学问各有千秋，沈约和任昉的水平孰高孰低可能没有定论，但是如果实在要有所区分，那也是因为邢子才和魏收的水平高低不同；二是沈、任本没有这么多是是非非，是邢、魏在讨论问题时掺杂了太多的个人情感，再加上“粉丝”的放大、扭曲，最终沈、任的“是非”就反映了邢、魏人格与品位的高下。

通过这个案例，颜之推想向子孙传递这样一些理念：如果做“粉丝”，也要做个理性的“粉丝”，不要跟风，要能区分你们这个团队所传递信息的价值是什么，或者能从对方团队的声音中得到什么启发，兼听则明；如果想做“老大”，要注意自己的学识和修养，能够在争辩的内容和争辩的方式上做好表率，所谓能力越强，责任越大。这对我们现在的个人、家庭和社会可能都具有启发意义。

【原文】

吴均集有破镜赋。昔者，邑号朝歌，颜渊不舍；里名胜母，曾子敛襟(一)：盖忌夫恶名之伤实也。破镜乃凶逆之兽，事见汉书，为文幸避此名也。比世往往见有和人诗者，题云敬同，孝经云：“资于事父以事君而敬同。”不可轻言也。梁世费旭诗云：“不知是耶非。”殷澐诗云：“飖飏(二)云母舟(三)。”简文曰：“旭既不识其父，澐又飖飏其母。”此虽悉古事，不可用也。世人或有文章引诗“伐鼓渊渊”者，宋书已有屡游之诮(四)；如此流比(五)，幸须避之。北面事亲，别舅摛(六)渭阳之咏；堂上养老，送兄赋桓山之悲，皆大失也。举此一隅，触涂(七)宜慎。

江南文制，欲人弹射(八)，知有病累，随即改之，陈王得之于丁廙也。山东风俗，不通击难(九)。吾初入邺，遂尝以此忤(十)人，至今为悔。汝曹必无轻议也。

凡代人为文，皆作彼语，理宜然矣。至于哀伤凶祸之辞，不可辄代。蔡邕为胡金盈作母灵表颂曰："悲母氏之不永，然委我而夙丧。"又为胡颢作其父铭曰："葬我考议郎君。"袁三公颂曰："猗欤(十一)我祖，出自有妫。"王粲为潘文则思亲诗云："躬此劳悴(十二)，鞠(十三)予小人；庶我显妣(十四)，克保遐年(十五)。"而并载乎邕、粲之集，此例甚众。古人之所行，今世以为讳。陈思王武帝诔，遂深永蛰(十六)之思；潘岳悼亡赋，乃怆(十七)手泽之遗(十八)：是方父于虫，匹妇于考也。蔡邕杨秉碑云："统大麓(十九)之重。"潘尼赠卢景宣诗云："九五思飞龙。"孙楚王骠骑诔云："奄忽登遐(二十)。"陆机父诔云："亿兆宅心(二十一)，敦叙百揆(二十二)。"姊诔云："俔(二十三)天之和。"今为此言，则朝廷之罪人也。王粲赠杨德祖诗云："我君饯之，其乐泄泄。"不可妄施人子，况储君乎？

挽歌辞者，或云古者虞殡之歌，或云出自田横之客，皆为生者悼往告哀之意。陆平原多为死人自叹之言，诗格既无此例，又乖(二十四)制作本意。

凡诗人之作，刺箴美颂，各有源流，未尝混杂，善恶同篇也。陆机为齐讴篇，前叙山川物产风教之盛，后章忽鄙山川之情，殊失厥体。其为吴趋行，何不陈子光、夫差乎？京洛行，胡不述赧王、灵帝乎？

【注释】

（一）敛襟：整饬衣襟以示恭敬。

（二）飘飏：yáo yáng，风吹摇荡的样子。

（三）云母舟：用云母装饰的华丽游船。

（四）诮：qiào，责备。

（五）流比：同类比照类推。

（六）摛：chī，铺陈。

（七）触涂：处处，各处。

（八）弹射：指摘。

（九）击难：批评，指责。

（十）忤：逆，不顺从。

（十一）猗欤：亦作"猗与"，叹词，表示赞美。

（十二）劳悴：因辛劳过度而致身体衰弱。

（十三）鞠：养。

（十四）显妣：xiǎn bǐ，对亡母的敬称。

（十五）遐年：高寿，长寿。

（十六）永蛰：犹长眠。指死亡。

（十七）怆：悲伤。

（十八）手泽之遗：手泽，为手汗所沾润。先人或前辈的遗墨、遗物等。

（十九）大麓：犹总领，谓领录天子之事。

（二十）奄忽登遐：奄忽，死亡；登遐，死者升天而去，后用以对人死讳称，特指帝王之死。

（二十一）亿兆宅心：亿兆，指庶民百姓，犹言众庶万民；宅心，居心，存心。

（二十二）敦叙百揆：敦叙，亦作“敦序”，依长幼亲疏之序，互相亲厚；百揆，多引喻为丞相、相国等总揽朝政的官员，也代指百官及天下各种政务。

（二十三）伣：qiàn，如同，好比。

（二十四）乖：背离，违背，不和谐。

【今解】

69. 平衡解放思想与尊重师长

“昔者，邑号朝歌，颜渊不舍；里名胜母，曾子敛襟……北面事亲，别舅摛《渭阳》之咏；堂上养老，送兄赋桓山之悲，皆大失也。举此一隅，触涂宜慎。”

——颜之推《颜氏家训·文章》

颜之推在这里主要讨论的是在写文章时如何避讳。避讳这个问题对于现在的读书人和写文章的人来说几乎无须考虑，甚至有人会觉得这是愚昧的表现。这里我们先不讨论避讳是不是愚昧，而是了解古人为什么避讳。古人避讳一般是出于“忠孝”的考虑，通常要避的是父母和国君的名讳。

颜之推从正反两个方面举例说明了避讳的问题。首先他例举了孔子的两个学生，一个是道德标杆颜渊，他来到一座名叫“朝歌”的城，因为城名和商纣王亡国时的都城同名，他就不在那里逗留；一个是以孝闻名的曾子，他经过一个名叫“胜母”的小巷，因巷名中有“母”字，他就会整理自己的衣服，毕恭毕敬地经过，以示尊重。然后，颜之推又举了反面的日常例子，他认为，如果母亲健在，送别自己的舅舅时，不要吟唱《渭阳》这种思念亡母的诗歌；如果父亲健在，送别哥哥出行时不要用“桓山之鸟”这种表现父亡卖子的悲痛的典故，这在过去是不吉利的和失礼的。

这样看起来，颜之推表面上是在探讨写文章避讳的问题，实质上是教育子孙如何做人。现代父母要教导孩子说话、做事时应保持审慎的态度，顾及他人的感受，不要不顾情形，只是从自己的角度张嘴就来，如不能在身材比较胖的人面前大谈肥胖的危害，不要在家庭不健全的人面前谈父爱、母爱……现代教育理念强调要解放儿童，而很多人把解放儿童理解成对儿童不加要求，甚至连起码的尊重别人的意识都忽视了。

读中学时，班主任告诫我们“见人减寿，见物涨价”，意思是说见到年长者要说他（她）看起来好年轻，看到别人买东西要高估他所买东西的价钱，这些小小的生活智慧，都是对人性的洞悉。

70. 平衡差异与一致

> “凡诗人之作，刺箴美颂，各有源流，未尝混杂，善恶同篇也。陆机为《齐讴篇》，前叙山川物产风教之盛，后章忽鄙山川之情，殊失厥体。”
>
> ——颜之推《颜氏家训 · 文章》

颜之推在这里主要阐述作诗、写文章的一个基本原则，就是一篇文章想要表达的目标要清晰，不要混乱，要想讽刺就专攻批判；要想给别人启发就专攻箴言；要想赞美就让文字优美，生动活泼；要想歌颂就专攻表彰。文章的写作出发点不同，达到的目的也不同，因此颜氏认为不要混杂在一起，否则别人不知道你要说什么，要干什么，并且表扬和批判最好不要出现在同一篇文章中。

他继续举陆机的例子，认为在《齐讴篇》中，前半部分歌颂当地高山流水、物产、风气、文教的兴盛，后半部分却有了鄙视这些山川的情绪，这两种情感放在同一首诗中给人感觉不和谐，也有违整首诗的风格。

确实如颜之推所言，陆机在这首诗的前半部分写了齐地的壮美，一直写到姜太公被周武王分封于齐地，成为齐国始祖，接着写到齐桓公如何成为盟主。后半部分写情，作者鄙视齐景公登牛山哀叹人生苦短的消极情绪，抒发自己虽然要奉命离去却又十分留恋这片山水的情感。

经过仔细研读，我发现：陆机的这首诗前后并没有冲突之感，虽然后半部分有“抑”的成分，但是“抑”不是主调，“抑”的不是这片土地而是齐景公的患得患失，“抑”的背后是诗人对这片土地的真挚情感。

当然，这里我不想讨论颜之推对陆机这首诗理解的对错，撇开陆机的诗，我同意颜之推讲的道理，即文章前后要一致，不能在同一篇文章中褒贬不一，左右摇摆，做人也是一样，不能做“墙头草”，哪里风强就倒向哪里。

当然，文章不能被体裁限死，不能被风格固化。文章的结构是丰富的，运用的表现手法也是多样的，如陆机的这首诗前面对齐地风俗竭尽全力地赞美，后面“鄙”的不是“牛山”而是齐景公的“牛山叹”，整首诗跌宕起伏，韵味十足。

诗歌、文章如此，人性也是如此，父母要引导孩子认识到人性的丰富性，比如，我们认同一个人的某些做法，但并不等于我们对他的其他做法都满意，就像现在有些人工作能力很强，但是人品欠佳，甚至触犯了法律，这些都需要我们具备一双慧眼，加以识别。

【原文】

自古宏才博学，用事(一)误者有矣；百家杂说，或有不同，书傥(二)湮灭，后人不见，故未敢轻议之。今指知决(三)纰缪者，略举一两端以为诫。诗云：“有鷕(四)雉鸣。”又曰：“雉鸣求其牡(五)。”毛传亦曰：“鷕，雌雉声。”又云：“雉之朝雊(六)，尚求其雌。”郑玄注月令亦云：“雊，雄雉鸣。”潘岳赋曰：“雉鷕鷕以朝雊。”是则混杂其雄雌矣。诗云：“孔怀兄弟。”孔，甚也；怀，思也，言甚可思也。陆机与长沙顾母书，述从祖弟士璜死，乃言：“痛心拔脑，有如孔怀。”心既痛矣，即为甚思，何故方言有如也？观其此意，当谓亲兄弟为孔怀。诗云：“父母孔迩(七)。”而呼二亲为孔迩，于义通乎？异物志云：“拥剑状如蟹，但一螯(八)偏大尔。”何逊诗云：“跃鱼如拥剑。”是不分鱼蟹也。汉书：“御史府中列柏树，常有野鸟数千，栖宿其上，晨去暮来，号朝夕鸟。”而文士往往误作乌鸢(九)用之。抱朴子说项曼都诈称得仙，自云：“仙人以流霞一杯与我饮之，辄不饥渴。”而简文诗云：“霞流抱朴碗。”亦犹郭象以惠施之辨为庄周言也。后汉书：“囚司徒崔烈以银铛锁。”银铛，大锁也；世间多误作金银字。武烈太子亦是数千卷学士，尝作诗云：“银锁三公脚，刀撞仆射头。”为俗所误。

文章地理，必须惬当(十)。梁简文雁门太守行乃云：“鹅军攻日逐，燕骑荡康居，大宛归善马，小月送降书。”萧子晖陇头水云：“天寒陇水急，散漫俱分泻，北注徂(十一)黄龙，东流会白马。”此亦明珠之颣(十二)，美玉之瑕，宜慎之。

王籍入若耶溪诗云：“蝉噪林逾静，鸟鸣山更幽。”江南以为文外断绝，物无异议。简文吟咏，不能忘之，孝元讽味(十三)，以为不可复得，至怀旧志载于籍传。范阳卢询祖，邺下才俊，乃言：“此不成语，何事于能？”魏收亦然其论。诗云：“萧萧马鸣，悠悠旆旌(十四)。”毛传曰：“言不喧哗也。”吾每叹此解有情致，籍诗生于此耳。

兰陵萧悫(十五)，梁室上黄侯之子，工于篇什(十六)。尝有秋诗云：“芙蓉露下落，杨柳月中疏。”时人未之赏也。吾爱其萧散(十七)，宛然在目。颍川荀仲举、琅邪诸葛汉，亦以为尔。而卢思道之徒，雅所不惬(十八)。

何逊诗实为清巧，多形似之言；扬都论者，恨其每病苦辛，饶贫寒气，不及刘孝绰之雍容也。虽然，刘甚忌之，平生诵何诗，常云：“‘蘧车响北阙(十九)’，愐愐不道车。”又撰诗苑，止取何两篇，时人讥其不广(二十)。刘孝绰当时既有重名，无所与让；唯服谢朓，常以谢诗置几案间，动静辄讽味。简文爱陶渊明文，亦复如此。江南语曰：“梁有三何，子朗最多。”三何者，逊及思澄、子朗也。子朗信饶清巧。思澄游庐山，每有佳篇，亦为冠绝。

【注释】

（一）用事：引用典故。

（二）傥：表示假设，相当于“倘若”“如果”。

（三）知决：知道肯定是。

（四）鷕：yǎo，雌雉的叫声。

（五）牡：雄性的鸟或兽，亦指植物的雄株，与“牝”相对。

（六）雊：野鸡鸣叫。

（七）迩：近。

（八）螯：螃蟹等节足动物的第一对脚，形状像钳子，能开合。

（九）乌鸢：乌鸦和老鹰。

（十）惬当：恰当，适当。

（十一）徂：cú，往。

（十二）纇：lèi，原指丝上的疙瘩，这里指瑕疵。

（十三）讽味：讽诵玩味。

（十四）旆旌：泛指旗帜。

（十五）悫：què。

（十六）篇什：《诗经》的雅、颂十篇为一什，后称诗卷为篇什。

（十七）萧散：举止、神情、风格等自然、不拘束，闲散舒适。

（十八）惬：畅快。

（十九）蘧车响北阙：蘧，蘧瑗，字伯玉，谥成子。春秋时期卫国大夫，封内黄侯，孔子的朋友。卫灵公和夫人南子夜坐，听闻车声辚辚，至阙而止，南子说这是蘧伯玉，卫灵公问何以见得。南子答：“伯玉，贤大夫也，敬以事上，此其人必不以暗昧废礼。”

（二十）不广：气量不大。

【今解】

71. 平衡倾听与表达

> “自古宏才博学，用事误者有矣；百家杂说，或有不同，书傥湮灭，后人不见，故未敢轻议之。”
>
> ——颜之推《颜氏家训·文章》

颜之推告诫子孙，读再多的书，再有学问，也有可能在用“事”（典故）上出现差谬，这不足为怪。诸子百家，不同的学说对经典的解释可能有所不同，同一个字的内涵和意义也会有所不同，特别是一些古书随着时间的推移消失了，后人看不到原著，因此颜之推说他对此是不敢轻易发表议论的。

引用典故要谨慎，这是古代文人的基本素质和共识。其实，在文化发展史上还有“将错就错”“说的人多了也就是对的了”这两个现象。《论语》中的很多说法就随着世俗的解释而慢慢发生变化，正统说法因为使用的人数少，流传面很窄，而被世俗大众“误解”的说法却被广泛使用，如《论语》中的“是可忍，孰不可忍”的原意是孔子指责季氏用八行八列的“八佾”“舞于庭”，这种“犯上”的事情都能忍心做，还有什么是他不忍心做的。后来，这句话在民间演变成“这种事情绝不能容忍”的意思了。

我们的世界充满着不确定的知识，哗众取宠的人总喜欢道听途说，传播小道消息，试图通过这些消息吸引别人的注意，获得别人的赞许，特别在自己没有话语权的时候，为了抢过话头会用一些不确定的消息来获得关注。

传播一些不能确定的消息与写文章引错典故的性质是一样的，只是一个是口头语言，一个是书面语言而已。因此，古人教导我们要“讷于言”，其中有一层意思就是希望我们不要夸夸其谈，而要多行动。我认为还有一层意思就是不要道听途说。对于父母而言，教会孩子沉默，比教孩子说话难多了；教孩子说有质量的话，比教孩子拥有好口才难多了。

72. 平衡赞成与反对

> “王籍《入若耶溪》诗云：‘蝉噪林逾静，鸟鸣山更幽。’……范阳卢询祖，邺下才俊，乃言：‘此不成语，何事于能？’魏收亦然其论。《诗》云：‘萧萧马鸣，悠悠旆旌。’《毛传》曰：‘言不喧哗也。’吾每叹此解有情致，籍诗生于此耳。”
>
> ——颜之推《颜氏家训·文章》

颜之推和子孙探讨了同一句诗在不同人心中的不同地位，以及自己的理解。南朝王籍游若耶溪时创作的五言古诗中有一句“蝉噪林逾静，鸟鸣山更幽”，流传度极高。颜之推首先列举了很多名人对这句诗的高度评价与喜爱，然后他列举了两位极有学问的人（卢询祖、魏收）的不同见解。这里颜之推没有明着说自己赞同谁、反对谁，他只是有根有据地说出自己的理解。

颜之推举了“萧萧马鸣，悠悠旆旌”的例子，这是《诗经·小雅·车攻》中描写周宣王借田猎向各诸侯国炫耀武力并笼络感情的场景。他认同《毛传》对此的评价——“言不喧哗也”。他认为这样的评价很有情致，王籍的诗就是学习了《诗经》的写法而成的，是有出处的。

这里他没有明确地批评什么，也没有热烈地拥护什么，只是用客观事实来表达自己的意见，做到不被情绪所左右，不偏不倚。

我读颜之推的家训难免有自己的“曲解”，因为现代的家庭和他当时的士大夫家庭有着很大的区别。颜氏的家训中有很多知识性的内容，如“文章”篇就是教导子孙做学问的一些原则，在现代社会，知识教育特别是狭义的知识教育的功能往往由学校承担。因此，我不想从知识或者写文章、做学问的角度去引导父母读《颜氏家训》，而是透过《颜氏家训》的文字，结合现代家庭的主要任务——教导孩子生活和做人来谈自己的读后感。我从这里感受到的是，无论是孩子还是我们自己，要赞同什么或者反对什么都要有自己的根据，不能为了赞同而赞同，这样很容易失去自己，容易人云亦云；也不能为了反对而反对，这样只是一味追求标新立异，自己却说不出什么道理来，只能给人留下一种叛逆的印象而已。

无论孩子赞同还是反对某个人或某件事，父母要多问孩子“为什么”，这样有助于孩子形成理性的思维，避免不假思索的赞成与反对。

73. 平衡喜好与公正

“何逊诗实为清巧，多形似之言；扬都论者，恨其每病苦辛，饶贫寒气，不及刘孝绰之雍容也。虽然，刘甚忌之，平生诵何诗，常云：‘蘧车响北阙，愠愠不道车。’又撰《诗苑》，止取何两篇，时人讥其不广。刘孝绰当时既有重名，无所与让；唯服谢朓，常以谢诗置几案间，动静辄讽味。”

——颜之推《颜氏家训·文章》

颜之推在这里介绍了诗人何逊的诗歌特点，何逊是南朝梁时期的诗人，其诗歌被后世“诗圣”杜甫推崇，他的诗歌写得很形象，当时南京的文人认为他的诗歌总能让人感觉到世间艰辛，充满着贫苦的气息，没有刘孝绰写的诗歌雍容华贵。从时人的评价来看，人们更喜欢刘的诗歌，这很容易理解：有谁愿意总是读悲苦的诗歌呢？悲苦确实能让处境相似的人产生共鸣，能让人感受到作者的悲悯情怀，但是人总是对未来抱有希望，总是希望自己能够轻松快乐，因此时人喜欢刘孝绰的诗不足为奇。

这里颜之推没有展开讨论人们什么时候会喜欢什么样的诗歌，什么样的诗歌更有价值，或更容易被别人所喜欢，而是接着谈刘孝绰的作为。虽然大家更喜欢刘孝绰，但是刘还是很嫉妒何，每次读到何逊的诗歌都会讽刺他太写实。后来，刘孝绰编写了一本《诗苑》，只收了何逊的两首诗，当时文人也表示不满，讥讽刘的心胸不够宽广。但是，当时刘孝绰的名声已经很响了，不会理会普通文人的不满。他只喜欢谢朓的诗歌，把它放在案头，常常拿起来诵读玩味。

后面，颜之推还列举了其他一些文人也有这样的癖好——喜欢的就大加赞赏，不喜欢的就毫无顾忌地表达不满，用现在的语言就是“爱憎分明”，但是颜之推没有对这些人的行为置评，只是接着引用了当时江南流传的一句俗语：“梁有三何，子朗最多”。三何，分别为何逊、何思澄与何子朗。颜之推认为何子朗的诗写得清新精巧，何思澄写的关于游历庐山的一些诗歌也是超群绝伦。

纵观整部《颜氏家训》，颜之推做了一个很好的榜样，他很少直接去批评人，即使批评也更多的是借用别人的嘴巴来陈述事实，自己不发表太多的意见，但是，从他选择的材料和呈现方式来看，他又潜移默化地向子孙传递了某些在乱世生存的价值观，他的这种“圆滑”是可以被我们理解的。

我认为，父母应教导孩子拥有开阔的心胸，在评价别人的问题上可以有喜好，但是应当做到相对客观公正。我们读书是为了让自己心胸开阔、眼界宽广，在评价别人时，要时刻保持警醒，避免狭隘地贬低别人。

十、“名实”篇

【原文】

名之与实，犹形之与影也。德艺周厚(一)，则名必善焉；容色姝丽(二)，则影必美焉。今不修身而求令名于世者，犹貌甚恶而责妍影(三)于镜也。上士忘名，中士立名，下士窃名。忘名者，体道合德，享鬼神之福祐，非所以求名也；立名者，修身慎行，惧荣观(四)之不显，非所以让名也；窃名者，厚貌深奸，干(五)浮华之虚称，非所以得名也。

【注释】

（一）周厚：周洽笃厚。

（二）姝丽：美丽。

（三）妍影：美丽的影像。

（四）荣观：荣誉。

（五）干：追求，求取，旧指追求职位俸禄。

【今解】

74. 平衡务实与虚名

“名之与实，犹形之与影也。德艺周厚，则名必善焉；容色姝丽，则影必美焉。今不修身而求令名于世者，犹貌甚恶而责妍影于镜也。”

——颜之推《颜氏家训·名实》

这是“名实”篇第一章的前半部分，颜之推开宗明义地说明了“名”和“实”的关系。他用两个比方说明这个关系，一个比方是形和影的关系，“实”为形，“名”为影，有什么样的形就会有什么样的影；另一个比方就是照镜子，一个人容貌端庄美丽，那么他（她）在镜子里的影像也一定是美的。由此，颜之推得出结论：如果一个人有德有才，那么他的名声不会差，可惜很多人不修身养性，却希望自己的名声能好，这就像一个丑陋的人责怪镜子没能把他照得更漂亮一般。

这一段话不难理解，也确实在一定程度上表达出了“名”“实”之间的关系，颜之推认为“实”是“名”的本质，要想拥有“名”，必须有充分的“实”。我同意这个观点，但是要注意的是，现实世界没有这么简单和理想化。首先，不是有了“实”就一定会有相应的“名”，如果我们照的镜子不平整，是哈哈镜，那么一定照不出真实的自己。其次，在很多时候，人获得的“名”并非自己可以把握的事，而是一些组织、社团甚至某些个人给予的，也就是说，你的“名”不是你的“名”，而是别人认为你应该拥有这个“名”。

父母应教导孩子从小正确看待虚名，无论有无显名，都要实实在在地做点什么，知道自己的目标在哪里，然后为之奋斗。这样的人生才是踏实的，心理才是安宁的。

75. 平衡爱名与求取

> “上士忘名，中士立名，下士窃名。忘名者，体道合德，享鬼神之福祐，非所以求名也；立名者，修身慎行，惧荣观之不显，非所以让名也；窃名者，厚貌深奸，干浮华之虚称，非所以得名也。”
>
> ——颜之推《颜氏家训·名实》

这是“名实”篇第一章的后半部分，颜之推将不同的人对待“名”的态度分成三种类型进行分析，很显然，这里他还是延续了孔子的思想。在《论语·雍也》中，孔子说：“中人以上，可以语上也；中人以下，不可以语上也。”在《论语·阳货》中，孔子说：“唯上智与下愚不移。”颜之推在“教子”篇中开宗明义地提出了和孔子类似的主张：“上智不教而成，下愚虽教无益，中庸之人，不教不知也。”当然，这是现代人对孔子及持相同观念的人批判最多的方面。现代普遍认为人生而平等，不能把人看成有差别的个体。不过，心理学在这个问题上倒是出现了一些有意义的研究结果，如用多元智能理论丰富了传统的智力理论，这就没有可教不可教一说，而是在什么方面容易教，在什么方面不容易教；在哪些方面学习容易有成果，在哪些方面学习会缓慢。

颜之推根据人对名声的追求将人分为“上中下”三种人。他认为，不同类型的人对名声的态度不同，“上士忘名，中士立名，下士窃名”。

“忘名”的“上士”。这类人做事、做人合乎道德，会身体力行地去践行自己认同的道理。这类人爱读书，认同道理，讲授道理，他们做事不违心、不违情，那些可以刺激普通人去努力的各种手段对他们来说没有用，用“无欲则刚”形容这样的人是比较合适的。当然，这是理想人格，这样的人在社会上不会太多。

“立名”的“中士”。这类人做人也很谨慎，做事也符合道德规范，但是他们和“上士”的不同之处在于，他们做任何事都是有目的性的。如果一件事不能带来“名”，可能他们就会选择不去做，他们在“名”的问题上当仁不让。观察这类人不难，只要在“名”的问题上稍作考验，马上就能看出他的心思和价值观。社会上的许多人都是如此，因为“名”能在社会上换来更多的东西，也是很多人做事的价值追求。

“窃名”的“下士”。这类人外表看起来很忠厚，实质上内在充满着浮华与虚空，他们所做的一切也是为了名声，但是他们和想立名的“中士”不同，“中士”还踏踏实实做点什么，而下士不踏实，也不想做事，只是在人前表现得十分完美，或者装得很完美，而实质上却非如此。“下士”为了窃取功名不择手段，甚至违背道德，触犯法律，竭尽虚妄之能事。

父母应教育孩子：对于名声，就如“君子爱财，取之有道”一般，君子爱名，得之亦有道。如果做不到让孩子成为忘名之人，至少也要让他们成为立名之人，能够审慎行事。父母如果能引导孩子做到对名声不过于执着，那么不仅于他们个人的成长大有裨益，也对社会的风气净化有好处。

【原文】

人足所履，不过数寸，然而咫尺之途，必颠蹶[一]于崖岸，拱把[二]之梁，每沉溺于川谷者，何哉？为其旁无余地故也。君子之立己，抑亦如之。至诚之言，人未能信；至洁之行，物或致疑，皆由言行声名，无余地也。吾每为人所毁，常以此自责。若能开方轨（三）之路，广造舟之航，则仲由之言信，重于登坛之盟；赵熹之降城，贤于折冲之将矣。

吾见世人，清名登而金贝（四）入，信誉显而然诺亏，不知后之矛戟，毁前之干橹（五）也。虙子贱云："诚于此者形于彼。"人之虚实真伪在乎心，无不见乎迹，但察之未熟耳。一为察之所鉴，巧伪不如拙诚，承之以羞大矣。伯石让卿，王莽辞政，当于尔时，自以巧密；后人书之，留传万代，可为骨寒毛竖也。近有大贵，以孝著声，前后居丧，哀毁逾制，亦足以高于人矣。而尝于苫块（六）之中，以巴豆涂脸，遂使成疮，表哭泣之过。左右僮竖，不能掩之，益使外人谓其居处饮食，皆为不信。以一伪丧百诚者，乃贪名不已故也。

【注释】

（一）颠蹶：行走不平稳貌。

（二）拱把：拱，两手合围；把，一手所握。在此表示粱细的样子。

（三）方轨：车辆并行，这里指平坦的大道。

（四）金贝：金刀龟贝。古代用作货币，这里指金钱财货。

（五）干橹：盾牌。

（六）苫块："寝苫枕块"的略语。苫，草席；块，土块。古礼，居父母之丧，孝子以草荐为席，土块为枕。

【今解】

76. 平衡事实与评价

"人足所履，不过数寸，然而咫尺之途，必颠蹶于崖岸，拱把之梁，每沉溺于川谷者，何哉？为其旁无余地故也。君子之立己，抑亦如之。至诚之言，人未能信；至洁之行，物或致疑，皆由言行声名，无余地也。吾每为人所毁，常以此自责。"

——颜之推《颜氏家训 · 名实》

颜之推这里所探讨的仍是“名”“实”问题，不仅关注一个人身上的“名”“实”问题，而且关注个人的“实”与别人给予的“名”是否匹配的问题。

在讨论这个问题时，颜之推举了个例子：一个人的脚不会太大，几寸而已，这么小的脚应该能走在很多地方，然而，如果走在一尺宽的山崖边，人就很容易坠崖而亡；走在独木桥上，人就很容易掉入水中。这看起来不符合道理，因为相比较而言，脚的尺寸和立足之处是匹配的，那又为什么会出现这样的状况？究其原因，颜之推认为是没有回旋余地所致，只要稍有闪失就会掉入万丈深渊。这里也有物极必反之意。

在这里，颜之推将这个例子引申到为人处世上，他认为人们的至诚之言和至洁之行，容易招来别人的不信任和怀疑，是因为所说的话和行为太“满”，没有余地。

话说得太“满”，虽然说的确实是自己的肺腑之言，但是没有给自己的不足和发展留下空间，一旦自己的言行在特定的情境中存在不足时，丝毫没有回旋的余地，容易给别人留下不诚实的印象。同样，一个人被别人评价得太“满”，也会带来很多问题，因为大多数人对被评价的人并不了解。如我对身边的好友比较了解，对他的褒奖是很细致的，每一句话后面都有事实作为依据，但是，我和别人谈起好友时，总以为别人也有所了解，只需要告诉他这个人很棒、很有能力就行了。其实，面对未知的人和事时，人的第一反应不是接受别人强行给予的答案，而是希望用自己的眼睛去看，用自己的大脑去思考，如果没有机会去了解，那么他就可能第一时间无理由地去反对，这也就容易形成误判。

颜之推反思了发生在自己身上的这一现象，当一个人被人毁坏名誉时，一定是“名”“实”分离的，别人空对一个虚名而没有机会知道你的“实”时，误判就很容易发生。

教育促进人完美，但是没有一个人会是完美的，因此，父母应教育孩子，万事留有余地，不要把自己打造得太完美，也别把别人评价得太完美，没有余地的评价害人害已。

77. 平衡一时与一世

“吾见世人，清名登而金贝入，信誉显而然诺亏，不知后之矛戟，毁前之干橹也。虙子贱云：‘诚于此者形于彼。’人之虚实真伪在乎心，无不见乎迹，但察之未熟耳。一为察之所鉴，巧伪不如拙诚，承之以羞大矣。伯石让卿，王莽辞政，当于尔时，自以巧密；后人书之，留传万代，可为骨寒毛竖也。近有大贵，以孝著声，前后居丧，哀毁逾制，亦足以高于人矣。而尝于苫块之中，以巴豆涂脸，遂使成疮，表哭泣之过。左右僮竖，不能掩之，益使外人谓其居处饮食，皆为不信。以一伪丧百诚者，乃贪名不已故也。”

——颜之推《颜氏家训·名实》

这里颜之推从时间的维度探讨了“名”与“实”的问题，大多数人在一开始都很在意自己的名声，但是随着时间的推移，慢慢就会放松对自己的要求，以致后面的行为破坏了前面所建立起来的“名”，不能做到前后一致。

接着，颜之推引用了孔子的弟子虙子贱的“诚于此者形于彼”来说明此和彼的关系，一个人内在的精神会通过外表和行为表现出来，一个人在这件事上所表现出来的真诚也需要在其他事情上加以表现，要做到前后一致，前一件事（获得好名声的事情）要成为后一件事的榜样。一个人的虚实真伪都从内在中来，别人看不到他的内在，只能从他所做的事情中看出来，一旦别人发现他言行不一致、前后不一致，就会对他失去所有的信任。

然后，颜之推举了两个例子，一个是春秋时代的伯石，此人是郑国子产手下的一名官员，能力很强，但是很自私贪财，子产了解他，每次做成一件大事就给他封地，直至后来要给他封卿，他假装三次推辞，而子产了解他的为人，始终不敢真正重用他；一个是汉朝的王莽，他也曾一再辞谢大司马的任命，后来却推翻西汉建立新朝。这样的人物在当时会用各种手段蒙骗大家，获得好的名声，但是一旦记入史册，他们就会被人看穿，会让后世读者感到毛骨悚然。

接下来，颜之推讲述的是一个和他同时代的人，这个人在世间以孝著称，在为父母服丧期间，他的各种孝行超过了当时的礼制，可谓感人至深。

这个人沽名钓誉，用巴豆涂在脸上让皮肤形成疮疤，以表示自己哀痛至极。当然这些事可以瞒过外人，却瞒不过身边的仆人、书童，这些人就把他作假的事情宣扬了出去，最终让这个人道德形象彻底崩塌，别人甚至都不相信他的其他孝行了。

父母应教育孩子做人要前后一致，要珍惜自己的名声，获得名声时要做到全力以赴、目标明确、态度真诚，在获得名声后要以“名”为师，用曾经做到的事鼓励自己，坚持实践，这样才能让名声成为动力，成为自己真正成长的起点。父母要让孩子明白，名声可以通过一时的努力获得，但是要想不身败名裂，就需要时刻警醒自己，用好名声来真正成就自己的一生。

【原文】

有一士族，读书不过二三百卷，天才钝拙，而家世殷厚，雅自矜持(一)，多以酒犊(二)珍玩，交诸名士，甘其饵(三)者，递共(四)吹嘘。朝廷以为文华，亦尝出境聘(五)。东莱王韩晋明笃好文学，疑彼制作(六)，多非机杼(七)，遂设宴言，面相讨试。竟日欢谐(八)，辞人满席，属音赋韵，命笔为诗，彼造次(九)即成，了非向韵(十)。众客各自沉吟，遂无觉者。韩退叹曰：“果如所量！”韩又尝问曰：“玉珽杼上终葵首(十一)，当作何形？”乃答云：“珽头曲圜，势如葵叶耳。”韩既有学，忍笑为吾说之。

治点(十二)子弟文章，以为声价(十三)，大弊事也。一则不可常继，终露其情；二则学者有凭(十四)，益不精励。

邺下有一少年，出为襄国令，颇自勉笃(十五)。公事经怀(十六)，每加抚恤(十七)，以求声誉。凡遣兵役，握手送离，或赍(十八)梨枣饼饵，人人赠别，云：“上命相烦，情所不忍；道路饥渴，以此见思。”民庶称之，不容于口。及迁为泗州别驾，此费日广，不可常周，一有伪情，触涂难继，功绩遂损败矣。

【注释】

（一）矜持：这里指自鸣得意，自负。

（二）犊：dú，小牛。这里指牛肉，泛指美味。

（三）饵：引诱。

（四）递共：共递，意为争着向前。
（五）聘：访问，这里指出去做官。
（六）制作：写作。
（七）机杼：原指织布机或纺织，这里比喻创作诗文的巧思、结构。
（八）竟日欢谐：竟日，整日；欢谐，欢乐和谐。
（九）造次：仓促，急遽。
（十）向韵：向，从前；韵，文学作品的风格。
（十一）玉珽杼上终葵首：珽，tǐng，玉笏板；终葵，椎头。
（十二）治点：修改润饰。
（十三）声价：名声和社会地位。
（十四）凭：依靠，仗恃。
（十五）勉笃：勤勉踏实。
（十六）经怀：经心，用心。
（十七）抚恤：安慰并给予物质帮助。
（十八）赍：jī，把东西送给别人。

【今解】

78. 平衡真才与名声

“有一士族，读书不过二三百卷，天才钝拙，而家世殷厚，雅自矜持，多以酒犊珍玩，交诸名士，甘其饵者，递共吹嘘。朝廷以为文华，亦尝出境聘。东莱王韩晋明笃好文学，疑彼制作，多非机杼，遂设宴言，面相讨试。竟日欢谐，辞人满席，属音赋韵，命笔为诗，彼造次即成，了非向韵。”

——颜之推《颜氏家训 · 名实》

颜之推在这里抨击了名不副实的问题，他认为一些初通文墨的人，才读了一些书就开始以文人自居，仗着家境殷实，并不能继续埋头做学问，而开始浮躁，贪图名声。他举了一个例子，一个士族子弟读了一些书后就认为自己才情出众，常常在家邀请名士做客，吃喝玩乐，把玩珍奇，总有一些文人甘心享受这些食物珍奇，并对他加以吹捧，所谓“吃人嘴软，拿人手短”就是这样。经过一番吹嘘后，这个人的名声就出来了，甚至朝廷都委以重任，邀请他出去做官。东莱王韩晋明喜好文学，他怀疑这个人的作品有人代笔，或者有人帮忙指点修改，所以找个机会邀请各路文人设宴交流，想当面试试这个人的才学。当日高朋满座，名士齐聚，大家一起作诗唱对，这个人也一挥而就，但是所写文章毫无往日的风韵。

颜之推在家训中举了这个例子，表面上看是教导子女不要沽名钓誉，要能沉下心来读书，不要急于成名，导致名大于实。其实，这里还暗含着一份对成年人的规劝，希望他们成为父母后，不要急着帮助孩子博取名声。找名士教导自己的孩子是可以的，但是不能让名士代笔，也不能利用名士的名气为孩子贴金，否则最终只能破坏了孩子的学习动力与能力，也让孩子的所谓名声成为别人的笑柄。

这段话对我们很有启发意义，现在一些追逐虚名的行为常常被认为是合理的，因此更复杂、更具有隐蔽性。一些考级制度就是如此，从乐器到书法，从绘画到舞蹈，从武术到国学，从写字到作文，只要是和孩子学习相关的，就有各种机构推出考级机制，似乎没有考级，机构就不会教了，孩子也不会学了，更不知道为什么而学了。

不少家长其实也知道这些考级证书对孩子的能力提升无甚大用，但是也愿意配合机构，只是为了孩子的升学增添筹码，其结果是拥有一堆证书的孩子很多，而能真正用其所学丰富人生、表达智慧的孩子极少。

还有一个例子就是考各种名牌学校，这更具有隐蔽性和欺骗性，不少家长和学校都以把孩子送入名牌学校为荣，其结果不是孩子的学习水平提升了，而是应试水平提高了，名牌学校考什么就学什么，名牌学校需要什么材料就准备什么材料。

最值得担忧的还不是追逐各种证书、应付考试这么简单，而是很多父母将自己的能力和聪明才智“嫁接”在孩子身上，如孩子参赛作文的构思和大部分的有趣表达是父母或者老师代笔的，申请名牌学校的材料是父母造假做出来的。

父母做得越多，“点缀”越多，孩子真正长远的未来就越坎坷，愿爱孩子的父母慎之又慎。

79. 平衡指导与帮助

“治点子弟文章，以为声价，大弊事也。一则不可常继。终露其情；二则学者有凭，益不精励。”

——颜之推《颜氏家训·名实》

前面，我们谈到父母不要帮助孩子点缀名声，而要鼓励孩子真正能够静下心来做学问，否则只能拔苗助长，不仅孩子被虚名所耽误，而且再也不能静下心来虚心学习，不知不觉就会故步自封。

颜之推似乎也发现了他们那个时代不少父母正热衷此事，总希望自己的孩子能够早出名，出大名，出别人没有的名。现在有些父母热衷于在家教孩子，宣传三年读完小学，四年读完中学，十五岁读完大学，二十岁博士毕业。当然，我理解其中一个重要原因是一些人不满意当下学校教育的部分内容与做法，尝试走出一条新路，但是也有很多做法明显是父母的名利心在作怪。

撇开这些极端做法暂不讨论，更多父母会采用指点的方式帮助孩子，这似乎更为科学，也没有急功近利的意思。颜之推却认为，对孩子的文章加以修饰、润色，以此充当孩子的作品博得好的名声，这对孩子而言是弊大于利的。颜氏认为，其弊端有二：一是这样的情况很难维持，孩子的真实水平很难得到提高；二是孩子会产生依赖的心理，遇到困难自然就会想到帮助他的人，不会再去通过自我努力获得进步。

颜之推所述的现象，在今天也不鲜见，不少父母在学业上时刻帮助孩子，不少父母不知道在孩子小学低年级陪读的目的与意义，只是坐镇指挥，甚至成为孩子学习的“保姆”与“拐杖”，孩子确实在学习上高歌猛进，但是最终会依赖父母，不仅学习习惯不好，学习方法也不对，学习心理也不独立。很多孩子都考了满分，但是不同的孩子获得满分的原因不同，有些孩子获得满分的背后是父母时刻的叮嘱和指导，孩子的分数有很大一部分归功于父母；有些孩子获得满分是在父母的协助下，自己独立学习，经过起伏波动，从而形成了自己的学习习惯所带来的必然结果。这两种孩子看起来一样，实质上其背后的学习品质相差甚远，到了需要孩子独立学习的时候，孩子之间的真正差距才开始拉开，其结果正如颜之推所说的第一个弊端一般。

除了学业，在其他知识与技能的学习中，这样的现象更是普遍，很多父母会用各种手段帮助孩子提升名声，如让孩子参加各种营利性的比赛、哗众取宠以吸引媒体注意等，其结果是孩子会依赖父母的操作，而自己的能力并没有得到真正的提升。

我的孩子从小学二年级开始模仿着写一些小诗，我只负责培养他的习惯并欣赏他的努力与坚持，就是诗中错别字我也很少纠正，最多提醒他认真检查。我不需要一个完美的孩子，更不会帮他修饰、博取名声，他这个年龄就这个水平，不需要拔苗助长。

父母应引导孩子成长而不“设计”孩子成长的道路，欣赏孩子并和孩子一起耐心成长。这才是父母对孩子更长情的爱。

80. 平衡理想与常识

“邺下有一少年，出为襄国令，颇为勉笃。公事经怀，每加抚恤，以求声誉。凡遣兵役，握手送离，或赍梨枣饼饵，人人赠别，云：‘上命相烦，情所不忍；道路饥渴，以此见思。’民庶称之，不容于口。及迁为泗州别驾，此费日广，不可常周，一有伪情，触涂难继，功绩遂损败矣。”

——颜之推《颜氏家训·名实》

一个人做事如果有着明确的、自私的目的，那么，随着时间的推移，他的私心就会暴露，因为一个人可以装一时，不可能装一世；可以在某个地方粉饰自己，却不可能在所有地方都不露破绽。这是指那些沽名钓誉的人。事实上，并不是每个人都是为了追求声誉才做事的，可结果却被身边的人当成了伪君子，这倒是更需要所有善良的人警惕的。

颜之推这里举了一个例子，邺城一位有才能的少年，后来被委任为襄国县令，做事很是勤勉认真，对公务也很用心，对下属体恤爱护，以求好的名声。每次服兵役的人出征时，他总是到现场和每个人握手道别，或者给他们送上水果、干粮，并对大家说：“上面有命令，不得不劳烦大家，但是骨肉相别，我心里也不忍，你们一路上饥饿口渴，我送点东西以表心意。”老百姓对他非常感激。后来他升迁为泗州别驾，无法做得如此周全，他的口碑就随之下降了。

我不认为此少年刚开始做的一切都是虚情假意，都是在博取好的名声与口碑，我认为他是真心真意的，只是方法可能存在问题，最终因为方法不能适应形势的变化而难以为继。

《论语》中孔子的学生有子的言论对这个问题的解决有启发意义。有子说："信近于义，言可复也。恭近于礼，远耻辱也。因不失其亲，亦可宗也。"意思是，我们说的话要根据"义"的要求，否则说出去的话无法践行。如一味讲哥们义气，声称"只要你需要，我就上"，一旦对方做的是犯罪的事，你要么做不到，遭到排挤；要么盲目跟随，触犯法律。对一个人的恭敬也是如此，要用"礼"来规范，否则做过了头就会招来耻辱，做不到又会被看成不恭敬。

有子还说："礼之用，和为贵。先王之道，斯为美。小大由之，有所不行。知和而和，不以礼节之，亦不可行也。"他认为，要想让自己的言行不至于无法施行，最好的方法就是按"礼"行事。这个"礼"往远处说是周公制礼作乐，用来管理国家的制度；往近处说是每个时代、每个特定区域大家约定俗成的行为方式和交往尺度。

颜之推讲的这个邺下官员的故事，旨在告诉子孙：这个官员体恤下情没错，但是所采取的方法不符合"礼"的要求。"礼"的最高境界是和谐，不偏不倚。父母应引导孩子做事遵循常理，平时的言行需要以礼节之，需要控制表达的方法和程度，否则过犹不及。

【原文】

或问曰："夫神灭形消，遗声余价，亦犹蝉壳蛇皮，兽远[一]鸟迹耳，何预于死者，而圣人以为名教[二]乎？"对曰："劝[三]也，劝其立名，则获其实。且劝一<u>伯夷</u>，而千万人立清风矣；劝一<u>季札</u>，而千万人立仁风矣；劝一<u>柳下惠</u>，而千万人立贞风矣；劝一<u>史鱼</u>，而千万人立直风矣。故圣人欲其鱼鳞凤翼[四]，杂沓参差[五]，不绝于世，岂不弘哉？四海悠悠，皆慕名者，盖因其情而致其善耳。抑又论之，祖考[六]之嘉名美誉，亦子孙之冕服墙宇[七]也，自古及今，获其庇荫者亦众矣。夫修善立名者，亦犹筑室树果，生则获其利，死则遗其泽。世之汲汲(八)者，不达此意，若其与魂爽(九)俱升，松柏偕茂者，惑矣哉！”

【注释】

(一)兽迒：迒，háng，(鸟兽的)脚印。

(二)名教：名分与教化。

(三)劝：勉励。

(四)鱼鳞凤翼：这里指各种人才。

(五)杂沓参差：杂沓，杂乱、纷乱；参差，杂乱不齐的样子。这里形容跟从的人多。

(六)祖考：祖先，远祖。

(七)冕服墙宇：冕服，古代大夫以上所穿的礼服；墙宇，高墙大厦。这里指得到祖先的庇佑。

(八)汲汲：形容急切的样子，表示急于得到的意思。

(九)魂爽：魂魄，精神。

【今解】

81. 平衡财富与精神

“或问曰：‘夫神灭形消，遗声余价，亦犹蝉壳蛇皮，兽迒鸟迹耳，何预于死者，而圣人以为名教乎？’对曰：‘劝也，劝其立名，则获其实。且劝一伯夷，而千万人立清风矣；劝一季札，而千万人立仁风矣；劝一柳下惠，而千万人立贞风矣；劝一史鱼，而千万人立直风矣。故圣人欲其鱼鳞凤翼，杂沓参差，不绝于世，岂不弘哉？四海悠悠，皆慕名者，盖因其情而致其善耳。抑又论之，祖考之嘉名美誉，亦子孙之冕服墙宇也，自古及今，获其庇荫者亦众矣。夫修善立名者，亦犹筑室树果，生则获其利，死则遗其泽。世之汲汲者，不达此意，若其与魂爽俱升，松柏偕茂者，惑矣哉！’”

——颜之推《颜氏家训·名实》

在“名实”篇的最后一部分，颜之推回答了别人的疑问，也可能是自问自答，来说明“名”对一个人、一个家族以及社会的意义，从而把对“名”的态度导向正确的轨道。

有人问：“一个人死了，形神都消失，留下来的好名声或者曾经追逐的名分，就像蝉蜕的壳和蛇蜕的皮，就像鸟兽留下的痕迹一样，对于死者有什么意义呢？圣人又为什么用各种‘名’来教化百姓？”颜之推回答道：“名，对整个社会起到的是劝导、教化的作用，乍看起来是劝导人们立名，这是虚的，但是人们如果按照这些‘名’的精神实质行动，对个人和社会所起到的就是实际的效果。”

接着，颜之推举了历史上一些广为人知的“名士”的例子，如清廉不争的伯夷、仁爱的季札、洁身自好的柳下惠、正直的史鱼。圣贤希望这些榜样能够让这个社会中不论拥有什么能力、品性的人都效仿，一代又一代，连绵不断，这岂不是一件大好事？广大老百姓都是爱慕名声的，他们如果都能向这些人学习，整个社会的风气就会变好。退一步讲，如果一个家族的祖辈有好的名声，那么，这就像是子孙的华服和美宅，从古到今，得到祖先声誉荫庇的人太多了。因此，一个人通过做好事修炼自己的好名声，就像在院子里种果树，活着的时候得到它的好处，死了也能让它泽被后世。那些急功近利的人，是不会明白这个道理的，他们死后如果名声和魂魄一样升天，能够松柏常青，那就是怪事了。

这里颜之推借回答别人的疑问，阐述了为什么圣人的书中要树立好的榜样让世人去效仿，以及一个家族如果祖上能够有好的名声，那么子孙将会世代受益。同时，颜之推抨击了那些追逐实利而不花功夫修行好名声的人，他们想通过留下财产的方式让子孙铭记，那是痴人说梦。

简单来说，一个家族、一个社会需要追逐实利，但是不要忽视了精神文明的追求，“诗书传家”“书香门第”就是强调家族精神文明的价值与意义。

现在，社会上有一种不好的现象：衡量一个人的价值只看他拥有物质财富的数量，一个人赚的钱多就代表他有价值，反之就没有价值。在这样单一的价值观下，人们容易疏忽道德修行的意义，甚至有些人为了获得财富而不惜放弃良心、违背道德。父母应引导孩子重视精神的追求，做个品行端正的人，为子孙留下精神财富。

十一、“涉务”篇

【原文】

士君子处世，贵能有益于物耳，不徒高谈虚论，左琴右书，以费人君禄位也。国之用材，大较不过六事：一则朝廷之臣，取其鉴达治体（一），经纶博雅（二）；二则文史之臣，取其著述宪章（三），不忘前古；三则军旅之臣，取其断决有谋，强干习事（四）；四则藩屏之臣（五），取其明练风俗，清白爱民；五则使命之臣，取其识变从宜，不辱君命；六则兴造之臣，取其程功节费（六），开略（七）有术，此则皆勤学守行者所能辨也。人性有长短，岂责具美于六涂（八）哉？但当皆晓指趣（九），能守一职，便无愧耳。

【注释】

（一）鉴达治体：鉴达，明察洞彻；治体，治国的纲领、要旨。

（二）经纶博雅：经纶，整理蚕丝，引申为规划、治理，比喻筹划治理国家大事；博雅，学识渊博，品行雅正。

（三）著述宪章：撰写典章制度。

（四）强干习事：强干，精明干练；习事，熟谙事理。

（五）藩屏之臣：这里比喻卫国的重臣。

（六）程功节费：程功，计算完成的工作量；节费，节省开销。

（七）开略：开创经营。

（八）涂：通“途”。

（九）指趣：亦作“指趋”。宗旨，意义。

【今解】

82. 平衡务虚与务实

“士君子之处世，贵能有益于物耳，不徒高谈虚论，左琴右书，以费人君禄位也。国之用材，大较不过六事：一则朝廷之臣，取其鉴达治体，经纶博雅；二则文史之臣，取其著述宪章，不忘前古；三则军旅之臣，取其断决有谋，强干习事；四则藩屏之臣，取其明练风俗，清白爱民；五则使命之臣，取其识变从宜，不辱君命；六则兴造之臣，取其程功节费，开略有术，此则皆勤学守行者所能辨也。人性有长短，岂责具美于六涂哉？但当皆晓指趣，能守一职，便无愧耳。"

——颜之推《颜氏家训·涉务》

在"涉务"篇中，颜之推着重强调了一个人要能做实事，不要高谈阔论，附庸风雅。魏晋之后，门阀制度衰败，而士族受贵族遗风的影响，又多好务虚清谈，价值观上不以务实为要。在需要有人管理国家的时候，更多士人却只是抚琴谈玄学，对国家无用。为了改变这样的状况，颜之推教导子孙要能在一些事情上做到务实，有实际的才干，才能成为栋梁之材。

因此，颜之推一开篇就说，士族的有识之士立身处世，最重要的、最难能可贵的是要做有益于社会的事，不要只是满足于高谈阔论，浪费国家俸禄，空占国家的岗位。当然，我们看到这里，不要以为颜之推不重视读书，不重视艺术和文学修养。他这是针对当时管理国家岗位上的一些士族的作风发出的言论。

接着，颜之推论述了他认为当时对国家有用的六种人才：一是能治国安邦，通晓法典，有才学，明经典的朝廷之臣；二是能够通古鉴今、著书立说，通过写史让人知得失的文史之臣；三是能够带兵打仗，多谋善断的军事之臣；四是能够通晓治辖范围内风土人情，治理一方的藩屏大臣；五是能够随机应变，出使他国，不辱使命的外交大臣；六是善于谋划，有组织管理才能，能够节约费用的兴造之臣。颜之推认为，这些人的才华都是可以通过勤学苦练、踏实肯干就能获得的。

当然，颜之推也说，对国家有利的工作不需要每个人都能做，不同的人禀赋不同，做事的侧重点也不同，因此不必求全责备。一个人只要对每一件实务做到心中有数，统览全局，然后能在某一工作中做到兢兢业业，这样就无愧于国家了。

颜之推这里对子孙所谈到的务实问题虽然有一定的时代局限性，但是对我们现在也还是有启发意义的。无论时代发展到什么程度，这个社会都需要有一批从事生产的人，如果没有人从事生产，没有人务实，那么整个社会风气就会因此变得浮华。

我们每一家、每一户要有意识培养孩子具备务实、肯干的精神，拥有一技之长，能为所处的社会和国家做出贡献。这样做，一来对孩子的安定生活与发展有利，因为无论哪个时代，只要一个人对社会有价值，他就基本能做到衣食无忧；二来对整个社会有益，能做实事的人多了，那么社会的经济基础就会变得更加雄厚。

【原文】

吾见世中文学之士，品藻（一）古今，若指诸掌，及有试用，多无所堪（二）。居承平（三）之世，不知有丧乱之祸；处庙堂（四）之下，不知有战陈（五）之急；保俸禄之资，不知有耕稼之苦；肆（六）吏民之上，不知有劳役之勤：故难可以应世经务（七）也。晋朝南渡，优借士族；故江南冠带，有才干者，擢（八）为令仆已下尚书郎中书舍人已上，典掌（九）机要。其余文义之士，多迂诞（十）浮华，不涉世务；纤微（十一）过失，又惜行捶楚（十二），所以处于清高，盖护其短也。至于台阁令史，主书（十三）监帅，诸王签省（十四），并晓习吏用，济办时须，纵有小人之态，皆可鞭杖肃督（十五），故多见委使，盖用其长也。人每不自量，举世怨梁武帝父子爱小人而疏士大夫，此亦眼不能见其睫耳。

【注释】

（一）品藻：品评，鉴定。

（二）堪：忍受，能支持，胜任。

（三）承平：持续相承的太平盛世。

（四）庙堂：朝廷。

（五）战陈：战阵。

（六）肆：踞。

（七）应世经务：顺应时世，处理公务。

（八）擢：zhuó，提拔，提升。

（九）典掌：主管，掌管。

（十）迂诞：言辞夸大荒诞，不合事理。

（十一）纤微：细微。

（十二）捶楚：杖击，鞭打。

（十三）主书：主管文书的官吏。

（十四）签省：南北朝官职签帅和省事的并称。

（十五）肃督：严加督促。

【今解】

83. 平衡读书与实践

> “吾见世中文学之士，品藻古今，若指诸掌，及有试用，多无所堪。居承平之世，不知有丧乱之祸；处庙堂之下，不知有战陈之急；保俸禄之资，不知有耕稼之苦；肆吏民之上，不知有劳役之勤：故难可以应世经务也。”
>
> ——颜之推《颜氏家训·涉务》

颜之推认为，他们那个时代的读书人对古今的作品能够做到了如指掌，但是如果想用他们治国，则大多数不堪大用，其原因是这些人处于和平时代，不知道国家动乱和丧失土地意味着什么；他们不在朝廷主政，不知道战争和调兵遣将的急切性与时机的重要性；他们的俸禄是有保障的，不知道耕种收获的辛苦；他们又大多位居小吏和普通老百姓之上，不知道从事劳役之人的辛劳。

说到这里，可能有人会有疑惑：为什么要让士族承担这么多？他们既要会读书，还要会治理国家，还要能带兵打仗，还要能够懂得建筑营造。颜之推之所以这么说，是因为当时治理国家的各级各类官员都是从士族中挑选出来的。按照儒家的观念，读书人就应该积极入世，参与国家建设，但是，因为当时的士族信仰玄学，而不强调做事，在这种文化氛围中成长起来的士族是不会在实务上下功夫的，而更多在务虚的文学与玄学上下功夫，最终给人看起来是华而不实，只会坐而论道，而不能踏实地做国家管理所需要的实事了。

根据颜之推的分析，这些文人不能做到经世致用，其主要原因是他们没有机会接触到真实的生活和真实的社会，所以他们的议论常常是空洞的，他们制定的管理国家的方针、策略常常是不切实际的。

现在，各种学科和专业越分越细，社会对已经学习了各种专业知识的大学生是有期待的，但是事实并非如此，不少大学生在学校里并没有机会参与太多实践，只是学习了一个个名词、一套套理论，而行动能力则需要在实践中锻炼。

现在的父母要多带孩子参与社会实践，多带孩子旅行，多了解社会各阶层的生活方式与价值取向，避免孩子闭目塞听、自以为是。

【原文】

梁世士大夫，皆尚褒衣博带(一)，大冠高履，出则车舆(二)，入则扶侍，郊郭(三)之内，无乘马者。周弘正为宣城王所爱，给一果下马(四)，常服御之，举朝以为放达(五)。至乃尚书郎乘马，则纠劾(六)之。及侯景之乱，肤脆骨柔，不堪行步，体羸(七)气弱，不耐寒暑，坐死(八)仓猝(九)者，往往而然。建康令王复性既儒雅，未尝乘骑，见马嘶喷陆梁(十)，莫不震慑，乃谓人曰："正是虎，何故名为马乎？"其风俗至此。

【注释】

(一)褒衣博带：宽衣阔带。为古代儒生的服装。

(二)车舆：车辆。

(三)郊郭：这里泛指城外、郊外。

(四)果下马：一种矮小的马。因乘之可行于果树之下，故名。

(五)放达：言行不受世俗礼法的约束。

(六)纠劾：举发弹劾。

(七)羸：léi，瘦弱。

(八)坐死：徒然而死。

(九)仓猝：匆忙急迫。

(十)嘶喷陆梁：嘶喷，马边嘘气边嘶叫；陆梁，跳跃的样子。

【今解】

84. 平衡阴柔与阳刚

“梁世士大夫，皆尚褒衣博带，大冠高履，出则车舆，入则扶侍，郊郭之内，无乘马者。周弘正为宣城王所爱，给一果下马，常服御之，举朝以为放达。至乃尚书郎乘马，则纠劾之。及侯景之乱，肤脆骨柔，不堪行步，体羸气弱，不耐寒暑，坐死仓猝者，往往而然。建康令王复性既儒雅，未尝乘骑，见马嘶喷陆梁，莫不震慑，乃谓人曰：‘正是虎，何故名为马乎？’其风俗至此。”

——颜之推《颜氏家训·涉务》

每个时代都有每个时代的社会风气，暂且不论这些风气是如何形成的，因为这是个复杂的论题，不同的学科会给出不同的解释。作为教育工作者，我更关注不同社会的风气对儿童的影响，以及父母如何带领孩子避免“暗礁”，找到方向。

这里颜之推抨击了南北朝时期士大夫阶层的不良风气。当社会风气通过文风、行为方式、服饰等固定下来，形成潮流，其弊端也会凸显。颜之推向子孙介绍了梁朝时士大夫的服饰和行事方式：他们大多数穿着宽大的衣服，戴着高大的帽子，穿着厚厚的鞋子，出门都是坐车，回到家就有仆人服侍，在城郊范围内，看不到他们骑马。这看起来没什么，就像现在的家庭一样——人家有条件不走路而开汽车有什么可以褒贬的呢？接着，颜之推举了两个例子来说明当时这股风气的影响力。周弘正被宣城王宠爱，宣城王给了他一匹“果下马”（即可以在果树下行走的马，形容马矮小），他就穿着日常服装骑着马出门，整个朝廷的官员都认为他没有“博带大冠”，是在放纵自己。建康令王复，性情温和，从没骑过马，见到马嘶叫跳跃的样子，他感到很震惊，对身边的人说：“这明明就是老虎，为什么称它为马？”颜之推不禁感叹，那时的士人柔弱、闭塞的风气竟然到了这个地步。

乍看起来，颜之推描述的当时的社会风气让人不可思议。其实不然，现在社会也有类似的情况，只是换了个呈现方式而已，如成年人盲目减肥、乱吃保健品，孩子之间攀比名牌等风气和那个时代相比也是有过之而无不及。不少人感慨：现在许多综艺节目推出来的男明星阴柔气质太重，很多男孩“伪娘化”，这对孩子们的审美有误导，对一个民族气质也会无益。

父母在培养孩子的过程中，要能够引导孩子自觉抵制不良风气，把孩子培养成有道德、有知识、能健康生活、有艺术修养、能思考的行动者。

【原文】

古人欲知稼穑(一)之艰难，斯盖贵谷务本之道也。夫食为民天，民非食不生矣，三日不粒，父子不能相存。耕种之，茠鉏(二)之，刈获(三)之，载积之，打拂之，簸扬之，凡几涉手，而入仓廪(四)，安可轻农事而贵末业哉？江南朝士，因晋中兴，南渡江，卒为羁旅(五)，至今八九世，未有力田，悉资俸禄而食耳。假令(六)有者，皆信僮仆为之，未尝目观起一坺(七)土，耘一株苗；不知几月当下，几月当收，安识世间余务乎？故治官则不了，营家则不办，皆优闲之过也。

【注释】

（一）稼穑：泛指农事活动。

（二）茠鉏：茠，hāo，古同“薅”；鉏，chú，古同“锄”，除（草）。

（三）刈获：收割，收获。

（四）仓廪：储藏米谷的地方。

（五）羁旅：指客居异乡的人。

（六）假令：假设，如果。

（七）坺：fá，古同“垡”。翻耕过的土块。

【今解】

85. 平衡读书与劳动

“古人欲知稼穑之艰难，斯盖贵谷务本之道也。夫食为民天，民非食不生矣，三日不粒，父子不能相存。耕种之，茠锄之，刈获之，载积之，打拂之，簸扬之，凡几涉手，而入仓廪，安可轻农事而贵末业哉？江南朝士，因晋中兴，南渡江，卒为羁旅，至今八九世，未有力田，悉资俸禄而食耳。假令有者，皆信僮仆为之，未尝目观起一坺土，耘一株苗；不知几月当下，几月当收，安识世间余务乎？故治官则不了，营家则不办，皆优闲之过也。"

——颜之推《颜氏家训·涉务》

在"涉务"篇的最后一章，颜之推着重强调了以农事为本的治家、治国理念，希望通过家训将这样的理念传给子孙。在封建农业时代，读书人常常以"诗书传家"、以"耕读治家"，即使是皇帝也会象征性地在社稷坛铺上五色土，躬身农事，以向百姓昭示农业的重要性，祈祷风调雨顺。

记得20世纪80年代，我正在读小学，每到夏收和秋收的农忙时节，学校都会放一周左右的"农忙假"，让老师们回家抢收，让我们这些小孩子也能回家帮父母一把，哪怕是帮父母做做饭，也是对农事的贡献。这样的情况可能在当下不容易被理解，以前说一个人"五谷不分"，是在批评他，现在很多人甚至会自嘲不认识庄稼，已经没有什么不好意思的了。

从古到今，国家管理者对农事都很重视。按照颜之推的观点，如果三天没有饭吃，即使是父子相见也顾不上太多了的礼节了，所谓"仓廪实而知礼节"讲的就是这个道理。他还抨击了那些拿着朝廷俸禄的官员和只顾读书的士族子弟不谙农事，国和家都治理不好，究其原因就是太悠闲，距离农业太远。

现在，科学技术日新月异，农业很少进入年轻人的视野，他们最多关注一下粮食的安全问题。当然，父母并不需要引导孩子长大后都从事农业生产，而是希望孩子对我们赖以生存的土地、粮食以及节气有所了解，这样他们才能不违背基本的生存规律。

2020年3月20日，中共中央、国务院发布的《关于全面加强新时代大中小学劳动教育的意见》中指出，"近年来一些青少年中出现了不珍惜劳动成果、不想劳动、不会劳动的现象，劳动的独特育人价值在一定程度上被忽视，劳动教育正在被淡化、弱化。"文件明确了劳动教育的总目标：通过劳动教育，使学生能够理解和形成马克思主义劳动观，牢固树立劳动最光荣、劳动最崇高、劳动最伟大、劳动最美丽的观念；体会劳动创造美好生活，体认劳动不分贵贱，热爱劳动，尊重普通劳动者，培养勤俭、奋斗、创新、奉献的劳动精神；具备满足生存发展需要的基本劳动能力，形成良好劳动习惯。

孩子们通过劳动获得直接经验，通过读书获得间接经验。这两种经验相互促进，互为补充。现在的考试越来越灵活，越来越倾向于考查学生在生活中发现问题、分析问题、解决问题的能力。平衡读书与劳动，就是平衡间接经验与直接经验，就是引导孩子在生活中学习、向生活学习。

卷第五

十二、“省事”篇

【原文】

铭金人云：“无多言，多言多败；无多事，多事多患。”至哉斯戒(一)也！能走者夺其翼，善飞者减其指，有角者无上齿，丰后者无前足，盖天道不使物有兼焉也。古人云：“多为少善，不如执一；鼫鼠(二)五能，不成伎术。”近世有两人，朗悟(三)士也，性多营综(四)，略无成名。经不足以待问，史不足以讨论，文章无可传于集录，书迹未堪以留爱玩，卜筮(五)射六得三，医药治十差(六)五，音乐在数十人下，弓矢在千百人中，天文、画绘、棋博，鲜卑语、胡书，煎胡桃油，炼锡为银，如此之类，略得梗概(七)，皆不通熟。惜乎，以彼神明(八)，若省其异端，当精妙也。

【注释】

（一）戒：训诫。

（二）鼫鼠：鼫，shí，鼠名，也叫石鼠、土鼠，一种危害农作物的鼠。

（三）朗悟：天资聪敏。

（四）营综：爱好广泛。

（五）卜筮：筮，shì。古人预测吉凶，用龟甲称卜，用蓍草称筮，合称卜筮。

（六）差：病愈。

（七）梗概：大略情形。

（八）神明：指人的精神和智慧。

【今解】

86. 平衡博学与专精

> "铭金人云：'无多言，多言多败；无多事，多事多患。'至哉斯戒也！能走者夺其翼，善飞者减其指，有角者无上齿，丰后者无前足，盖天道不使物有兼焉也。古人云：'多为少善，不如执一；鼫鼠五能，不成伎术。'近世有两人，朗悟士也，性多营综，略无成名。经不足以待问，史不足以讨论，文章无可传于集录，书迹未堪以留爱玩，卜筮射六得三，医药治十差五，音乐在数十人下，弓矢在千百人中，天文、画绘、棋博，鲜卑语、胡书，煎胡桃油，炼锡为银，如此之类，略得梗概，皆不通熟。惜乎，以彼神明，若省其异端，当精妙也。"
>
> ——颜之推《颜氏家训·省事》

颜之推在这里教导子孙要能集中精力做一件事，不要"多头开花"，否则只能什么都会一点，但是什么都不精通，最终成为老百姓口中的"半吊子"，不会有什么成就。

颜之推首先引用孔子在周朝太庙中看到的铭刻在铜人身上的文字："无多言，多言多败；无多事，多事多患。"颜之推认为这几句话说得太好了。当然，不同的人从不同的角度对这句话有不同的理解，有人批判它是明哲保身传统的源头，"言多必失，少管闲事"等多是沿着这样的源流成为许多人日常处理事务的准则。处于乱世的颜之推推崇"少言""省事"，他认为每个人懂的东西有限，不可能什么都懂，因此，多说多错，多管事多遭殃。他举了自然界中的各种例子：能跑的动物没有翅膀；能飞的动物没有前爪；头上有角的动物，其牙齿就不会太锋利；后肢发达的动物，其前肢就弱一些，这符合生物学的用进废退原理。接着，他借用古人的话指出："做各种事情，能精的不多，这样还不如专攻一项，使其成为自己的优势技能呢！"

然后，他为子孙举了例子：近代有两个人，兴趣广泛，但是没有一项精通。他们的经学经不起提问，模棱两可；史学不足以与别人讨论，没有自己的独特见解；写的文章没人会把它们收入文集；书法也没人愿意留着珍藏赏玩；为别人占卜，六次只能对三次；帮人治病，医治十人只有五人康复；音乐、射箭等其他杂项只是大概懂一些，都不精通。

最后，颜之推感慨：这样聪明的人，太可惜了，以他们的聪明才智，专攻其中任何一项都可以有所成就。

颜之推告诫子孙不能贪多，足够聪明的人只要精力集中在一件事上，什么都能学成，“贪多嚼不烂”这样的朴素道理应该早早知晓，还要有一定的取舍能力。

现在的家庭培养孩子也应如此，既要让孩子兴趣广泛，又要在一定的时候勇于做减法，鼓励孩子将精力用在某一项上，其他只是作为兴趣，这样就形成了人生的金字塔，基础十分宽厚，某一项又能做到出类拔萃，有所成就。

人的精力是有限的，善于管理自己的精力，这也是人生大智慧。

【原文】

上书陈事，起自战国，逮(一)于两汉，风流(二)弥广。原其体度(三)：攻人主之长短，谏诤(四)之徒也；讦(五)群臣之得失，讼诉之类也；陈(六)国家之利害，对策之伍也；带私情之与夺(七)，游说之俦(八)也。总此四涂，贾诚(九)以求位，鬻言(十)以干禄(十一)。或无丝毫之益，而有不省之困，幸而感悟人主，为时所纳，初获不赀(十二)之赏，终陷不测之诛，则严助、朱买臣、吾丘寿王、主父偃之类甚众。良史所书，盖取其狂狷(十三)一介，论政得失耳，非士君子守法度者所为也。今世所睹，怀瑾瑜(十四)而握兰桂者，悉耻为之。守门诣阙(十五)，献书言计，率多空薄，高自矜夸(十六)，无经略之大体，咸秕糠(十七)之微事，十条之中，一不足采，纵合时务，已漏先觉，非谓不知，但患知而不行耳。或被发奸私，面相酬证(十八)，事途回穴(十九)，翻惧愆尤(二十)；人主外护声教，脱(二十一)加含养，此乃侥幸之徒，不足与比肩也。

谏诤之徒，以正人君之失尔，必在得言之地，当尽匡赞(二十二)之规，不容苟免偷安，垂头塞耳；至于就养有方，思不出位，干非其任，斯则罪人。故表记云：“事君，远而谏，则谄(二十三)也；近而不谏，则尸利(二十四)也。”论语曰：“未信而谏，人以为谤己也。”

【注释】

（一）逮：到，及。
（二）风流：遗风，流风余韵。
（三）体度：体裁格局。
（四）谏诤：jiàn zhēng，直言规劝在上位的人。
（五）讦：jié，揭发别人的隐私或攻击别人的短处。
（六）陈：述说。
（七）与夺：取舍。
（八）俦：chóu，辈，类。
（九）贾诚：博取忠诚的名声。
（十）鬻言：鬻，yù，卖。谓凭借进言谋取利禄。
（十一）干禄：指钻营当官，追名逐利。
（十二）不赀：赀，计量。这里指不可计量，形容数量很多。
（十三）狂狷：指志向高远的人与拘谨自守的人。
（十四）瑾瑜：泛指美玉。比喻美德贤才。
（十五）诣阙：到天子的宫阙。
（十六）矜夸：骄矜夸大。
（十七）秕糠：瘪谷和米糠。意为琐碎、无用之言与物。
（十八）酬证：对证。
（十九）回穴：迂回而变化不定。
（二十）翻惧愆尤：翻，成倍的；愆，罪过，过失。更加畏惧自己的罪过。
（二十一）脱：倘若，或许。
（二十二）匡赞：匡正辅佐。
（二十三）谄：奉承，巴结。
（二十四）尸利：坐享利禄而无所作为。

【今解】

87. 平衡实学与技巧

“上书陈事，起自战国，逮于两汉，风流弥广。原其体度：攻人主之长短，谏诤之徒也；讦群臣之得失，讼诉之类也；陈国家之利害，对策之伍也；带私情之与夺，游说之俦也。总此四涂，贾诚以求位，鬻言以干禄。或无丝毫之益，而有不省之困，幸而感悟人主，为时所纳，初获不赀之赏，终陷不测之诛，则严助、朱买臣、吾丘寿王、主父偃之类甚众。良史所书，盖取其狂狷一介，论政得失耳，非士君子守法度者所为也。今世所睹，怀瑾瑜而握兰桂者，悉耻为之。守门诣阙，献书言计，率多空薄，高自矜夸，无经略之大体，咸秕糠之微事，十条之中，一不足采，纵合时务，已漏先觉，非谓不知，但患知而不行耳。或被发奸私，面相酬证，事途回穴，翻惧愆尤；人主外护声教，脱加含养，此乃侥幸之徒，不足与比肩也。”

——颜之推《颜氏家训·省事》

这个板块的内容是颜之推向子孙陈述他们那个时代向君主写表上言的问题。封建时代国家管理的特征主要是人治，君主的喜怒会直接影响臣子的命运。因此，如何得到君主的赏识，如何避免灾祸，就成为许多士族子弟的必修课。

颜之推分析了士族上书陈事的起源与类型，这样的风气起源于战国。那时周天子的管理能力日渐衰微，一统的力量正在丧失，各诸侯国吞并攻战。为了强大自己，各国都尽力招贤纳士，这就给读书人提供了好机会，如纵横捭阖的苏秦、张仪等人，就是在这样的背景中涌现出来的杰出人物。到了两汉时期，这样的风气愈演愈烈。

颜之推认为向上陈事主要可以分为四种：第一种是大臣专门针对君主的过失进行评价，希望匡扶主上，做一个忠贞的谏臣；第二种是向君主指出同僚大臣的得失，以表达自己的忠心，或者满足朋党斗争的需要；第三种是对国家所处的境地或者所遇到的难题提出自己的见解和对策；第四种是夹带着私利，希望自己能从游说中获得更大的利益。

颜之推接着分析了这些陈事方式背后的共同特点，那就是通过展现自己的才华或者所谓的忠心来谋求职位和俸禄而已。他认为这样做没有丝毫的益处，即使偶尔有些人的言论得到君主的赏识，最终还是有一些不可预测的祸害在等着他们。

颜之推认为写史书的人大多选取一些历史上性情张狂、耿直的人的言论，这些人对君主、同僚以及时事肆无忌惮地加以评论，以博取青史留名，这些都不是君子和守法度的人该有的行为。那些守在君主出入的地方或者在朝堂上献计献策的人，要么说出来的东西没什么价值，要么就是说出来的东西大家都已经意识到，只是没有人去执行。因此，真正品德高尚的人很少会这么做。

与古代以面对面交往的方式获得信任的传统的熟人社会不同，现代社会是以陌生关系为基础建设起来的。在传统的熟人社会，一个人写出来的东西容易受到质疑，因此人们说话、写文章还有所顾忌，否则信用就会破产；在现代社会，人们彼此间不了解，从考试写作文到学历造假，比比皆是，甚至还有某些教师专门教孩子写“惊人”“感人”文章的技巧与策略。

父母教育孩子要有更长远的眼光，不要为了考试和谋取一时的利益而故弄玄虚或无病呻吟，否则真正伤害的是孩子纯良的心性，这将会制约孩子未来一生的发展。为了让孩子能够有真情实感，写出自己真正的生活，父母就要引导孩子创造丰富的生活，为孩子的文章和未来生活提供真实的生活体验，切不可为了所谓的考试技巧而毁了孩子。

【原文】

君子当守道崇德，蓄价(一)待时，爵禄不登，信由天命。须求趋竞(二)，不顾羞惭，比较材能，斟量功伐(三)，厉色扬声，东怨西怒；或有劫持(四)宰相瑕疵，而获酬谢，或有喧聒(五)时人视听，求见发遣(六)；以此得官，谓为才力，何异盗食致饱、窃衣取温哉！世见躁竞(七)得官者，便谓“弗索何获”；不知时运之来，不求亦至也。见静退未遇者，便谓“弗为胡成”；不知风云不与，徒求无益也。凡不求而自得、求而不得者，焉可胜算乎！

<u>齐</u>之季世(八)，多以财货托附外家，喧动女谒(九)。拜守宰者，印组(十)光华，车骑辉赫(十一)，荣兼九族，取贵一时。而为执政所患，随而伺察，既以利得，必以利殆(十二)，微染风尘，便乖肃正(十三)；坑阱(十四)殊深，疮痏(十五)未复，纵得免死，莫不破家，然后噬脐(十六)，亦复何及？吾自南及北，未尝一言与时人论身分也，不能通达，亦无尤焉。

王子晋云："佐饔得尝[（十七）]，佐斗得伤。"此言为善则预，为恶则去，不欲党人非义之事也。凡损于物，皆无与焉。然而穷鸟入怀[（十八）]，仁人所悯；况死士归我，当弃之乎？伍员之托渔舟，季布之入广柳，孔融之藏张俭，孙嵩之匿赵岐，前代之所贵，而吾之所行也，以此得罪，甘心瞑目。至如郭解之代人报仇，灌夫之横怒求地，游侠之徒，非君子之所为也。如有逆乱之行，得罪于君亲者，又不足恤焉。亲友之迫危难也，家财己力，当无所吝；若横生图计，无理请谒，非吾教也。墨翟之徒，世谓热腹，杨朱之侣，世谓冷肠；肠不可冷，腹不可热，当以仁义为节文尔。

【注释】

（一）价：身价，名声。

（二）趋竞：为功名利禄竞相奔走钻营。

（三）斟量功伐：斟量，斟酌评量；功伐，功劳，功勋。

（四）劫持：威迫挟制。

（五）喧聒：谓闹声刺耳。

（六）发遣：派遣，差遣，指出任。

（七）躁竞：性急而好与人争权势。

（八）季世：末代，末世，一个历史时代的末段，旧时指一个朝代衰亡的时期。

（九）女谒：宫中得势嫔妃的进言。

（十）印组：印绶。

（十一）辉赫：声势显赫。

（十二）殆：危。

（十三）肃正：端正。

（十四）坑阱：陷阱。

（十五）疮痏：疮疡，伤痕。

（十六）噬脐：用嘴咬自己的肚脐，是不可能做到的事。比喻后悔已迟。

（十七）佐饔得尝：饔，yōng，做饭，烹煮。协助烹调的人也尝到美食。

（十八）穷鸟入怀：走投无路的小鸟投入人的怀抱。比喻穷困的人来求助、投靠。

【今解】

88. 平衡逐利与道义

“君子当守道崇德，蓄价待时，爵禄不登，信由天命。须求趋竞，不顾羞惭，比较材能，斟量功伐，厉色扬声，东怨西怒；或有劫持宰相瑕疵，而获酬谢，或有喧聒时人视听，求见发遣；以此得官，谓为才力，何异盗食致饱、窃衣取温哉！世见躁竞得官者，便谓‘弗索何获’；不知时运之来，不求亦至也。见静退未遇者，便谓‘弗为胡成’；不知风云不与，徒求无益也。凡不求而自得、求而不得者，焉可胜算乎！”

——颜之推《颜氏家训·省事》

颜之推在这里和子孙探讨了士大夫阶层纠结的“机遇”问题，在那个时代，士族子弟的主要发展方向是做官，通过进入仕途实现自身价值。

在颜之推看来，君子要坚守天地的正道，崇尚人伦道德，努力完善自己，等待时机，如果不能得到想要的官位和俸禄，那都是因为命中注定。如果一个人不顾羞耻地到处跑官、要官，和别人比谁的才能大，比谁的功劳大，声色俱厉，怨天尤人，甚至以上级的不足来挟持他们，从而获得发迹的机会，那么这样的人和偷窃以求温饱的人没有区别。普通人看到这些通过如此手段获得“成功”的人，会说“不去索取怎么能获得”，这是因为他们不懂得时来运转，不去求索也会得到的道理。普通人评价那些默默无闻没有获得机遇的人，会说“不去争取怎么会成功”，这是因为他们不知道时机不对，即使争取了也是无益的道理。那些不去索取而得到的人和苦心追求而得不到的人，多得让人数也数不清！

颜之推既遵从儒家，又是虔诚的佛教徒，在他的思想里，“命”占很重要的位置。他鄙视那些为了升官发财而不择手段的小人行径，认为这和偷盗没有区别。这样的观点虽然和我们当下鼓励竞争的理念有所冲突，但也给了我们启发。

现在的时代鼓励人竞争，鼓励人奋进，认为人不仅要等待时机，还要创造时机；人不仅要耐心等待被发现，还要主动推销自己。我想颜之推也不会反对这样的积极人生观，他反对的只是那些不择手段的方式。

第一句话中，颜之推用“蓄价”一词表明了一个人的精力应该放在提高自我修养上，放在提升能力上，他认为只要自己有能力了就会被发现和重用，这就有点类似于老百姓说的“酒香不怕巷子深”；如果一个人始终没被发现和重用，他认为就只能归因为“天命”了。

现代人不信“天命”，鼓励奋斗，认为自己就是生命的主宰，这是无可厚非的，但是我们也要警惕那些不择手段、为了成功丢掉良心和道德的做法。父母不仅需要教育孩子用积极的状态去面对生活、实现梦想，更要教育孩子通过合理合法的方式去打拼。比如，孩子想成为班委，“正道”就是为别人多做事，要有服务的精神，要从各方面修炼自己，而不是通过“拉票贿选”等方式得到同学们的认同。强调能力、强调独立，是现代多元文明社会的基本共识。每个人都可以通过自己的努力为社会创造财富，从而实现自我价值。

【原文】

前在修文令曹，有山东学士与关中太史竞历[一]，凡十余人，纷纭累岁，内史牒[二]付议官平之。吾执论[三]曰：“大抵诸儒所争，四分并减分两家尔。历象之要，可以晷景[四]测之；今验其分至薄蚀，则四分疏而减分密。疏者则称政令有宽猛，运行致盈缩，非算之失也；密者则云日月有迟速，以术求之，预知其度，无灾祥也。用疏则藏奸[五]而不信，用密则任数[六]而违经。且议官所知，不能精于讼者，以浅裁深，安有肯服？既非格令所司，幸勿当也。”举曹[七]贵贱，咸以为然。有一礼官，耻为此让，苦欲留连，强加考覈。机杼既薄，无以测量，还复采访讼人，窥望长短，朝夕聚议，寒暑烦劳，背春涉冬，竟无予夺，怨诮[八]滋生，赧然而退，终为内史所迫：此好名之辱也。

【注释】

（一）竞历：争论历法。

（二）牒：官方文书或证件。

（三）执论：提出异议或坚持某种意见。

（四）晷景：晷表之投影，日影。
（五）藏奸：不怀好意。
（六）任数：指顺应天数。
（七）曹：古代分科办事的官署。
（八）怨诮：诮，qiào，责备。抱怨责难。

【今解】

89. 平衡内行与外行

“前在修文令曹，有山东学士与关中太史竞历，凡十余人，纷纭累岁，内史牒付议官平之……有一礼官，耻为此让，苦欲留连，强加考覈。机杼既薄，无以测量，还复采访讼人，窥望长短，朝夕聚议，寒暑烦劳，背春涉冬，竟无予夺，怨诮滋生，赧然而退，终为内史所迫：此好名之辱也。”

——颜之推《颜氏家训·省事》

省事，不仅指不管闲事、明哲保身，还有要有自知之明的意思。颜之推通过向子孙叙述他曾经参与的历法之争说明：不是自己专业领域的事情就不要勉强为之，否则会招来羞辱。

颜之推当年担任御史台令曹时，山东学士与关中太史争论历法问题，参与争论的有十多人，他们争论来争论去，若干年都没有结果。主管民政的内史发公文让议官评定这件事。为此，颜之推陈述了自己的观点，认为自己作为议官在历法问题上的见解不如太史，不宜评定此事。用现在的话说，就是颜之推在推辞和自己专业不相关的事情，大小官员基本都认同他的观点。有一位掌管礼仪的官员对颜之推的谦让表示不满，他想出各种方法对两种历法进行考证核查，但是苦于自己这方面的知识欠缺，无法准确测量计算，就不断去拜访两边当事人，希望能弄清楚哪一边的方式更好，日复一日、年复一年地开会讨论，也没办法给出个定论，他最终羞愧地宣布退出裁决，并被内史搞得下不了台，这就是自不量力带来的后果。

这里，颜之推并不是说不要去努力做事，不要去攻克难关，而是向子孙传达：人要量力而行，知道自己的长短，在专业的问题上不能意气用事。另外，不要以为自己在某个领域做出了成就，就认为自己是全才。如这位掌管礼仪的官员，他的专业特长是礼仪，肯定也在这个领域做出了成就，否则也不会进入这样的层面讨论问题，但是他被自己的成就迷惑了双眼，误认为自己什么都懂。

因此，在教育孩子的过程中，父母一定要保持清醒的头脑，教育孩子不要对自己不了解的事情强加评论，可以多些研究、多些思考，少发表自以为是的意见。“知之为知之，不知为不知，是知也。”孔子两千多年前教导弟子子路的话，到哪个时代都不过时。

十三、“止足”篇

【原文】

礼云：“欲不可纵，志不可满。”宇宙可臻（一）其极，情性不知其穷（二），唯在少欲知足，为立涯限（三）尔。先祖靖侯戒子侄曰：“汝家书生门户，世无富贵；自今仕宦不可过二千石（四），婚姻勿贪势家。”吾终身服膺（五），以为名言也。

【注释】

（一）臻：zhēn，达到。

（二）穷：极。

（三）涯限：边际，限度。

（四）二千石：汉制，郡守俸禄为二千石。

（五）服膺：牢牢记在心里，衷心信服。

【今解】

90. 平衡奋进与知足

> “《礼》云：‘欲不可纵，志不可满。’宇宙可臻其极，情性不知其穷，唯在少欲知足，为立涯限尔。先祖靖侯戒子侄曰：‘汝家书生门户，世无富贵；自今仕宦不可过二千石，婚姻勿贪势家。’吾终身服膺，以为名言也。”
>
> ——颜之推《颜氏家训·止足》

颜之推在这里提到了适可而止的人生大智慧。他首先引用《礼记》里的一句话开启话题并就这个话题与子孙对话，然后引用祖先的告诫来说明这个问题。为什么他要大费周折而不开宗明义地讲道理？因为这个道理看起来简单，实质上特别难讲，它和鼓励一个人奋进努力常常发生冲突，而现实社会又是鼓励人进步的，特别是士族群体更是以进步和积极入世为人生原则。如果不用更具有说服力的经典和更权威的祖先的智慧作为佐证，子孙恐难心悦诚服地接受。颜之推认为人的欲望是没有止境的，因此需要为自己无穷的欲望划一个边界。

《礼记》中提到，一个人不能放纵自己的欲望，一个人的志向不要太高。也有人把“满”理解成“达成”的，认为一个人达成了理想，他就失去了方向。颜之推先祖告诫子孙做官的目标不要订得太高，做到俸禄在二千石的郡守就差不多了。颜之推的祖先教导子孙：“我们是读书人的家庭，世世代代没有大富大贵的梦想，做官不要超过郡守，婚姻上不要攀附权贵，要做到门当户对。”颜之推告诉子孙，他自己始终遵守这样的家族教导。

知足，止足。在那个时代主要是因为世事纷乱，政权更迭频繁，颜之推认为位高权重和富贵并不能长久，只有保持读书人的本色，少欲寡求，不居于高处，无论世事如何变换，都能安身立命。

处于安定和平时代的人们对这种心态是很难理解的，我们鼓励人们奋进，不要故步自封，不要小富即安。这也是社会进步的动力。

现在人们常说“知足”，是为了内心的安宁。人们对外在追求永无止境，要想获得宁静，就需要平衡好追求理想与适可而止的“度”。如我们为了人类的幸福而奋斗，这样的追求可以永无止境，但是我们对自己占有物质的欲望需要克制。我们应引导孩子在服务别人的道路上获得价值，而不是耽溺于内在的欲望。

进，难；止，更难。我们鼓励孩子在自我探索的道路上不断进取，在服务社会的道路上不断探索；我们教导孩子在自我满足的虚荣道路上适可而止，不被欲望和虚妄套进牢笼。

【原文】

天地鬼神之道，皆恶(一)满盈(二)。谦虚冲损(三)，可以免害。人生衣趣(四)以覆寒露，食趣以塞饥乏耳。形骸之内，尚不得奢靡(五)，己身之外，而欲穷骄泰(六)邪？周穆王、秦始皇、汉武帝，富有四海，贵为天子，不知纪极(七)，犹自败累，况士庶乎？常以二十口家，奴婢盛多，不可出二十人，良田十顷，堂室才蔽风雨，车马仅代杖策，蓄财数万，以拟吉凶急速，不啻(八)此者，以义散之；不至此者，勿非道求之。

【注释】

（一）恶：wù，讨厌，憎恨。

（二）满盈：自满。

（三）谦虚冲损：谦虚，虚心谦让，不自满；冲损，淡泊谦让。

（四）趣：仅够。

（五）奢靡：奢侈浪费，不知节制。

（六）骄泰：骄恣放纵。

（七）纪极：终极，极度。引申为穷尽。

（八）不啻：啻，chì。不止，不仅。

【今解】

91. 平衡需要与满足

“天地鬼神之道，皆恶满盈。谦虚冲损，可以免害。人生衣趣以覆寒露，食趣以塞饥乏耳。形骸之内，尚不得奢靡，己身之外，而欲穷骄泰邪？周穆王、秦始皇、汉武帝，富有四海，贵为天子，不知纪极，犹自败累，况士庶乎？常以二十口家，奴婢盛多，不可出二十人，良田十顷，堂室才蔽风雨，车马仅代杖策，蓄财数万，以拟吉凶急速，不啻此者，以义散之；不至此者，勿非道求之。”

——颜之推《颜氏家训·止足》

颜之推在这里对子孙的教导充分体现了父母对子女教育的终身性，即使孩子长大了，可以另立门户了，但是他们一样会遇到新的问题和新的挑战，需要完成新的任务。颜之推在这里讲的很多道理都是他自己的切身体会。

颜之推继续和子孙探讨“止足”的重要性，他告诉子孙自然界的基本运行规律，那就是一件事只要做到了极致就会走下坡路，这感觉就像天地间的鬼神都厌恶“满盈”一样。他认为人世间的道理也是一样，谦虚可以让人免除灾祸。

穿衣是为了御寒，吃饭是为了充饥，这两件对人的生存至关重要的事尚且不需要奢侈，那么人们对于那些身外之物还有必要极尽骄奢吗？接着，颜之推从家庭中的一些细节做了解释，如二十口之家，奴婢不要超过二十人；房子能遮雨，车子能代步即可；家里的钱财也不要太多，几万就可以，能应付婚丧嫁娶和救急就行了，多了就把它用在公益事业上，如果不足这个数字，也要取之有道。

这是古代读书人的价值观，现代人对这个问题的看法有所不同，吃饭穿衣不仅是充饥御寒的需要，还有其他方面的考虑。更有甚者，一些人会把车子、服饰、吃饭的场所当成自己身份、地位以及实力的象征，他们在一定的圈子里可能需要这些外在的物品来显示自己的实力。但无论时代如何变化，现代父母应为了孩子的人身安全与内在安宁，引导孩子谦虚谨慎，不贪慕虚荣，做到了解社会风气，适应而不丧失原则与自我。

【原文】

仕宦称泰(一)，不过处在中品，前望五十人，后顾五十人，足以免耻辱，无倾危也。高此者，便当罢谢，偃仰(二)私庭。吾近为黄门郎，已可收退；当时羁旅，惧罹谤讟(三)，思为此计，仅未暇尔。自丧乱已来，见因托风云，徼幸(四)富贵，旦执机权，夜填坑谷，朔欢卓、郑，晦泣颜、原者，非十人五人也。慎之哉！慎之哉！

【注释】

（一）泰：平安，安定。

（二）偃仰：俯仰。比喻随世俗沉浮或进退，或指生活悠然自得。这里指安居。

（三）谤讟：bàng dú，怨恨毁谤。

（四）徼幸：获得意外的成功或幸运地免于灾难。

【今解】

92. 平衡环境与努力

> “仕宦称泰，不过处在中品，前望五十人，后顾五十人，足以免耻辱，无倾危也。高此者，便当罢谢，偃仰私庭。吾近为黄门郎，已可收退；当时羁旅，惧罹谤讟，思为此计，仅未暇尔。自丧乱已来，见因托风云，徼幸富贵，旦执机权，夜填坑谷，朔欢卓、郑，晦泣颜、原者，非十人五人也。慎之哉！慎之哉！”
>
> ——颜之推《颜氏家训·止足》

颜之推身处社会动荡的南北朝时期，他对儒家、道家和佛家思想都有着较深刻的研究，因此他的中庸思想较重，这也是中国古代文人士大夫阶层的共性特点。

颜之推认为做官不要太大也不要太小，中等就好。他认为自己已经做到黄门郎，不能再接受新的、更高的任命了，同时也担心自己客居他乡，没有根基，易被人诽谤，有不测之风险，因此正在寻找脱身的时机。他说自从国家动乱以来，一些人早晨才执掌权力可能晚上就葬身荒野了；月初还在为自己获得的财富而高兴，月末可能就变得一贫如洗。这样朝不保夕的人很多，子孙们一定要谨慎。

什么时代产生什么思想，每个人都不可避免地在一定的社会环境中生存。在社会动荡的历史时期，颜之推这样教导子孙无疑是为了保证他们安全无虞、家族延续。但是，也有人认为，这样所教导出来的人会存小义、舍大义。

今天，我们要把国家建设成更完善的法治社会，让每个人都在法制的轨道里运行，让每个人安心创造、安心生存和生活。父母应教导孩子积极参与建设法治社会的理想生存环境，并为了理想去不懈而忘我地奋斗。

十四、“诫兵”篇

【原文】

颜氏之先，本乎邹、鲁，或分入齐，世以儒雅为业，遍在书记[一]。仲尼门徒，升堂者七十有二，颜氏居八人焉。秦、汉、魏、晋，下逮齐、梁，未有用兵以取达[二]者。春秋世，颜高、颜鸣、颜息、颜羽之徒，皆一斗夫耳。齐有颜涿聚，赵有颜冣[三]，汉末有颜良，宋有颜延之，并处将军之任，竟以颠覆。汉郎颜驷，自称好武，更无事迹。颜忠以党楚王受诛，颜俊以据武威见[四]杀，得姓已来，无清操[五]者，唯此二人，皆罹[六]祸败。顷世乱离，衣冠之士，虽无身手，或聚徒众，违弃素业，徼幸战功。吾既羸薄[七]，仰惟前代，故寘心[八]于此，子孙志之。孔子力翘门关，不以力闻，此圣证也。吾见今世士大夫，才有气干，便倚赖之，不能被甲执兵，以卫社稷；但微行险服，逞弄拳腕，大则陷危亡，小则贻耻辱，遂无免者。

国之兴亡，兵之胜败，博学所至，幸讨论之。入帷幄（九）之中，参庙堂（十）之上，不能为主尽规以谋社稷，君子所耻也。然而每见文士，颇读兵书，微有经略。若居承平之世，睥睨（十一）宫阃（十二），幸灾乐祸，首为逆乱，诖误（十三）善良；如在兵革之时，构扇（十四）反覆，纵横说诱，不识存亡，强相扶戴：此皆陷身灭族之本也。诫之哉！诫之哉！

习五兵（十五），便乘骑，正可称武夫尔。今世士大夫，但不读书，即称武夫儿，乃饭囊酒瓮（十六）也。

【注释】

（一）书记：书籍。

（二）取达：获取功名以显达，即得志扬名。

（三）冣：zuì。

（四）见：表示被动，相当于“被”。

（五）清操：清白高尚的志行，高尚的节操。

（六）罹：lí，遭受苦难或不幸。

（七）羸薄：羸，léi，瘦弱。瘦弱单薄。

（八）寘心：寘，zhì，同“置”。放在心上。

（九）帷幄：军旅中的帐幕。

（十）庙堂：朝廷。

（十一）睥睨：斜着眼睛看人，表示傲然轻视或不服气的意思。或窥伺。即暗中观望动静，等待下手机会。

（十二）宫阃：阃，kǔn，门槛，内室。帝王后宫，亦指后妃。

（十三）诖误：诖，guà。因受蒙蔽而犯了过失。

（十四）构扇：亦作“构煽”，挑拨煽动。

（十五）五兵：五种兵器。

（十六）饭囊酒瓮：比喻只会吃喝而不能办事的庸碌无用之人。

【今解】

93. 平衡文才与武功

“吾既羸薄，仰惟前代，故寘心于此，子孙志之。孔子力翘门关，不以力闻，此圣证也。吾见今世士大夫，才有气干，便倚赖之，不能被甲执兵，以卫社稷；但微行险服，逞弄拳腕，大则陷危亡，小则贻耻辱，遂无免者。”

——颜之推《颜氏家训·诫兵》

颜之推从关爱子孙和未来家族发展的角度，告诫子孙不要“用兵以取达”，也就是不要用武功获得好的前途，他们家族的所有祖先几乎没有人是靠武力名垂青史的，即使有人稍有战功也没有善终。他抨击了当时的一些文人，在乱世不能用自己的专长来治国安邦，却投机取巧地想通过碰运气获得战功。

接着，他现身说法，认为自己身体不够强壮，甚至还有些羸弱。他和子孙推心置腹地交流，希望他们认真做学问，不要把精力用在武力上。然后，他进一步举例，孔子的力气很大，但是孔子不是靠武力而是靠思想闻名于世，这就是圣人的留下的榜样。他说当时的一些士大夫，有些力气和本领，就穿着武士的衣服，到处逞强，但又不能真正上阵打仗，这样做从大处说可能会有死亡的危险，从小处说会自取其辱。

颜之推向子孙强调“诫兵”，不仅有家族传承的考虑，更有时代背景的影响。动荡的社会与频繁更替的朝廷，让无力主宰自身命运的士人不禁感慨世事难料，鄙视那些为了私利而大动干戈的小人行径。

当然，颜之推不是说将士上阵打仗保家卫国不重要，而是希望自己的子孙不要走这条道路，一来自己的家族很少有人通过战功名垂青史；二来这样很难全身而退。颜之推出于保护子孙的目的，不鼓励孩子走这条路。

最让颜之推瞧不起的是那些投机取巧的士大夫，他们不上阵打仗，却佩戴着宝剑，把自己打扮成武士，到处斗拳动脚。因此，这里颜之推不是要教导子女重文轻武，而是希望他们能把武用到正道上，不要用来争强斗狠。

现在，一些家庭在教育子女时，由于担心孩子被人欺负，就要求孩子以牙还牙，你打我一拳，我踢你一脚。乍看起来，教导孩子不动武会让孩子显得懦弱，在被人欺负时会“吃亏”。其实，除了那些极端的欺凌案例，现实中不少受到伤害的人并不是所谓的老实人，反而是那些逞强好胜或者喜欢用武力解决问题的人。

因此，父母应教导子女可以有强大的身体和保护自己的能力，但不要逞强好胜，试图用武力解决问题。

94. 平衡忠诚与私利

“国之兴亡，兵之胜败，博学所至，幸讨论之。入帷幄之中，参庙堂之上，不能为主尽规以谋社稷，君子所耻也。然而每见文士，颇读兵书，微有经略。若居承平之世，睥睨宫阃，幸灾乐祸，首为逆乱，诖误善良；如在兵革之时，构扇反覆，纵横说诱，不识存亡，强相扶戴：此皆陷身灭族之本也。诫之哉！诫之哉！”

——颜之推《颜氏家训·诫兵》

教导子女走正道，不投机取巧，这是父母教育子女的做人准则。现在的一些家庭教育指导只是满足于技术层面，比如，如何让孩子听话、如何沟通、如何提高成绩，等等。这些固然重要，但是最重要的应该是教育孩子的出发点和归宿点，也就是为什么教育孩子和希望将孩子引向何方。

这里颜之推批判当时一些士人的不堪做法，以此和子孙探讨如何才能保证不“陷身灭门”。他认为，一个人因为博学多才，能够参与保家卫国的事务，这是他的幸运。如果在处理国家事务中，不能尽心尽力为国家分忧，这是令人感到羞耻的事情。有些文士，读了一些兵书，懂了一点治国方略，如果在太平盛世，他们总是对君主的后宫产生兴趣，试图通过打听小道消息来判断如何“站队”，甚至拉帮结派搅乱君主的家事，希望从中获利；如果在兵荒马乱之际，这些人到处煽风点火，总是根据自己的利益去强行扶持某个人，这样迟早会遭遇杀身灭族的祸患，子孙们一定要保持警戒，不可做这样叛逆之事。

颜之推这里主要向子孙们讲了“忠”对一个人发展的意义，要能忠诚地为国家谋发展，如果只是为了自己的私利而到处投机取巧，就会损害国家的发展利益，从而陷于自己挖的陷阱中不得自拔。

现代父母应教育子女走正道，在学校里不搞小团体；长大后，干任何工作都要兢兢业业，不要去窥探领导的喜好，不要拉帮结派。现代人应该将人生定位在服务社会和国家建设的“大义”上，这样我们的心境就不会为了一时的得失和顺逆而波动。

95. 平衡踏实与机遇

“习五兵，便乘骑，正可称武夫尔。今世士大夫，但不读书，即称武夫儿，乃饭囊酒瓮也。”

——颜之推《颜氏家训·诫兵》

“诫兵”篇给人的直观感受是颜之推反对武功，不看好通过习武打仗获得功名的人。这其实是误解，他不是看不上武人，也不是认为所有人都不能通过武功立身扬名。他是站在家族特定立场和特有传统的基础上对自家子孙进行劝告，而不是对整个社会大众说的。家训本就是一家的事情，本就是一个家族的长辈对晚辈的期待，具有私生活的特性。现在我们学习一个家族的家训，还是要站在当时他们的家族立场上看问题。

颜之推的家族一直都是以文立家，没有武的传统，因此他告诫子孙不要轻易学武。现代人可能会问：难道不能投笔从戎？我认为他这里最反对的还不是习武的问题，而是那些见风使舵、投机取巧的人。

颜之推认为，一个人只有熟悉多种兵器，擅长骑马，才能称得上武夫。当时的有些读书人，只要不读书了，就自称武夫，似乎只要有点力气或者读点兵书就能拜将上阵，保家卫国。这样的想法是幼稚的，也是对武夫的低估，按照颜之推的评价，这样的文人只是酒囊饭袋而已。

我们从中可以看出：颜之推不是低估武人，他认为武夫和士人一样都有自己的专业要求，不是随便就能成就的。这一点对现代人也有启发：学什么都不容易，都有专业要求，不能读了两本书就说自己是知识分子，写了点文字就说自己是作家，会打拳就说自己是一代宗师，做生意赚了点钱就说自己是企业家，在互联网上有几个“粉丝”就把自己当偶像，等等。

我们做任何事情都需要踏踏实实、勤勤恳恳。每一行业都有自己的门道，我们不能急功近利，更不能投机，轻则丢人现眼，重则丧失性命。

今天，在信息大爆炸的时代，人们获得知识的途径更多，获得知识的界限也越来越模糊，一些假专家大行其道，这在家庭教育的领域更是泛滥，一些原来做企业成人培训的讲师，在企业培训越来越难做的形势下，凭借着营销手段和三寸不烂之舌，到处开讲座，讲一些道听途说的知识，传播一些似是而非的家教观念，让一些不读书却又急着解决问题的家长更加焦虑，陷入他们营造的“热血沸腾”的催眠环境中，不可自拔。

“机会总是留给有准备的人。”无论在什么时代，父母都要教导子女认真读书，踏实做学问，不急功近利，不投机取巧。

十五、“养生”篇

【原文】

神仙之事，未可全诬[一]；但性命在天，或难钟值[二]。人生居世，触途牵縶[三]：幼少之日，既有供养之勤；成立之年，便增妻孥[四]之累。衣食资须[五]，公私驱役；而望遁迹山林，超然尘滓[六]，千万不遇一尔。加以金玉之费，炉器所须，益非贫士所办。学如牛毛，成如麟角。华山之下，白骨如莽[七]，何有可遂之理？考之内教[八]，纵使得仙，终当有死，不能出世。不愿汝曹专精于此。若其爱养神明，调护气息，慎节起卧，均适寒暄[九]，禁忌食饮，将饵药物，遂其所禀，不为夭折者，吾无间然。诸药饵法，不废世务也。庾肩吾常服槐实，年七十余，目看细字，须发犹黑。邺中朝士，有单服杏仁、枸杞、黄精、术、车前得益者甚多，不能一一说尔。吾尝患齿，摇动欲落，饮食热冷，皆苦疼痛。见抱朴子牢齿之法，早朝叩齿三百下为良；行之数日，即便平愈，今恒持之。此辈小术，无损于事，亦可修也。凡欲饵药，陶隐居太清方中总录甚备，但须精审，不可轻脱[十]。近有王爱州在邺学服松脂，不得节度，肠塞而死，为药所误者甚多。

夫养生者先须虑祸，全身保性，有此生然后养之，勿徒养其无生也。单豹养于内而丧外，张毅养于外而丧内，前贤所戒也。嵇康著养生之论，而以傲物[十一]受刑；石崇冀服饵之征，而以贪溺取祸，往世之所迷也。

夫生不可不惜，不可苟惜[十二]。涉险畏之途，干祸难之事，贪欲以伤生，谗慝[十三]而致死，此君子之所惜哉；行诚孝而见贼，履仁义而得罪，丧身以全家，泯躯[十四]而济国，君子不咎[十五]也。自乱离已来，吾见名臣贤士，临难求生，终为不救，徒取窘辱，令人愤懑。侯景之乱，王公将相，多被戮辱，妃主姬妾，略无全者。唯吴郡太守张嵊，建义[十六]不捷，为贼所害，辞色不挠。及鄱阳王世子谢夫人，登屋诟怒[十七]，见射而毙。夫人，谢遵女也。何贤智操行若此之难？婢妾引决若此之易？悲夫！

【注释】

（一）诬：欺骗。

（二）钟值：遭逢。

（三）牵縶：犹牵绊。

（四）妻孥：孥，nú，子女。妻子儿女。

（五）资须：需求或维持生计的必需品。

（六）尘滓：滓，zǐ，渣子，沉淀物。细小的尘灰、渣滓，比喻世间烦琐的事务。

（七）莽：草丛。

（八）内教：道家、佛家自称其经文。

（九）寒暄：暄，xuān，温暖。冷暖。

（十）轻脱：态度轻佻。

（十一）傲物：骄倨自负，轻视他人。

（十二）苟惜：不应当爱惜而爱惜。

（十三）慝：tè，奸邪，邪恶。

（十四）泯躯：捐躯。

（十五）咎：责怪，怪罪。

（十六）建义：兴义军，举义旗。

（十七）诟怒：怒骂。

【今解】

96. 平衡养生与牺牲

“华山之下，白骨如莽，何有可遂之理？考之内教，纵使得仙，终当有死，不能出世。不愿汝曹专精于此。若其爱养神明，调护气息，慎节起卧，均适寒暄，禁忌食饮，将饵药物，遂其所禀，不为夭折者，吾无间然。诸药饵法，不废世务也……夫生不可不惜，不可苟惜。涉险畏之途，干祸难之事，贪欲以伤生，谗慝而致死，此君子之所惜哉；行诚孝而见贼，履仁义而得罪，丧身以全家，泯躯而济国，君子不咎也。”

——颜之推《颜氏家训·养生》

颜之推在“养生”篇中主要讨论了如何养生，通过分析当时士族和皇族养生理念、方法，对子孙进行启发。

他首先表达了自己的观点，认为神仙可能是有的。这和当时道教求仙、佛教求佛的风气有关。由于认识的局限性，当时的人们都认为人是可以成仙成佛的，只是一般人很难做到而已。然后，他说一个人从小到大，每个阶段都有每个阶段的任务，都很辛苦。遁入山林，修身养性，这想起来很美好，但是也只能想一想；如果想要炼长寿丹，所花费的金银也不是普通人所能承受的，因此学道的多如牛毛，真正成仙的凤毛麟角。看看华山下面白骨多如野草，世界上哪有那么多事遂人愿的，即使成了仙，最后还是难免一死。

因此，综合以上分析，颜之推教导子孙不要太过执着于极端的养生方法。如果要想养生，可以注意生活规律，调整心情，防寒保暖，饮食上稍加注意，条件允许的话，吃一点滋补品就可以了。

颜之推鼓励在现实生活中，在自然的情境中，不动声色地进行养生保健，强调食疗、生活方式调节和情绪调节。他强调即使食疗也要注意方法，否则不但收不到好效果，还可能会伤害身体。同时，养生不要耽误了正常的工作。在颜之推的心目中，活着的目的不仅是生存，更是为了做事，养生是为了活得更好，做更多的事情。他提出了三点建议：

一是要坚持。他举了一位老者的例子，这位老者常服用槐树果实，七十多岁眼睛不花，能看小字，头发、胡须都是黑的。

二是要注意生活方式。颜之推举了自己的例子，他的牙不好，年轻时就松动了，他看了书上说的固齿方法：每天早上磕牙三百次。他坚持做了一段时间，牙齿就有好转。方法很简单，也不费事。

三是服用补品一定要小心节制。不要轻率跟着书本或效仿别人去服用补药，有一个叫王爱州的人模仿别人服用松脂，最后因肠子堵塞而死。

颜之推所倡导的养生原则对今天的我们一样是宝贵的。一些很好的食疗方法，一定要坚持；尽量少服用不可靠的补品；生活方式要健康，睡眠、饮食都要有规律，有所节制。

这些道理在家庭教育中对自己、对长辈、对孩子都是有益的，特别是我国当下开始步入老龄化社会，帮助长辈学会养生也是家庭教育的要义，家庭教育不仅是对晚辈的，也是对平辈和长辈的，是有意识促进家庭所有成员幸福生活的艺术。

当然，对于父母而言，教导孩子养成运动的习惯，培养孩子健康的生活方式，这些都是很重要的。

教导子女爱惜身体，这是爱孩子的父母都会做的事，爱孩子就是要让孩子免受伤害，健康成长。《论语》中孔子在面对孟武伯问孝时回答——“父母唯其疾之忧”，意思是“父母最担心的就是孩子的健康了”，因此，子女爱护自己的身体，不让父母担心，就是孝顺。

颜之推这段文字的前半部分也表达了这个意思，如果子孙走在危险的、令人畏惧的道路上，做出招致祸害与灾难的事情，或者贪图声色而伤害了身体，听信谗言而招致死亡，这些事情都是不值得的，他教导子孙要爱惜自己，身体“不可不惜”。但是，颜之推也没有庸俗到只要子孙苟活于世，而忘却大义，他认为在有些事情上不要贪生怕死，苟惜生命，如履行忠诚孝义而被小人诋毁，为了践行更大的道义而被责罚，直至牺牲自己以保全家庭，用生命去报效国家，对于这样的伤害和死亡，君子是不会有所犹豫和抱怨的。

这就应和了“父母唯其疾之忧”的另一个意思：“孝顺就是让父母只要担心你的健康，而不要担心你的道德缺陷。”这个解释超越了父母对孩子最普通和显而易见的爱，而上升到道德层次，认为所有人都应该为了大义和大节而心甘情愿放弃小情小爱。这就有了后人写的《弟子规》中的两句：“身有伤，贻亲忧；德有伤，贻亲羞。”

现在一些父母教育孩子越来越偏向“小爱”，只要自己的孩子获得好的地位、有好的发展就行，甚至有些父母为了让孩子获得暂时的利益或优势，不惜牺牲孩子的道德，带着孩子闯红灯、抢座位、逃票、做假材料等。无论什么大局，只要触犯了自己孩子的既得利益，这些父母就会失去理智。

爱孩子是父母的本能，但是，父母还需要培养孩子为了某种理想去坚守的能力。

十六、“归心”篇

【原文】

三世(一)之事，信而有征，家世归心(二)，勿轻慢也。其间妙旨，具诸经论，不复于此，少能赞述；但惧汝曹犹未牢固，略重劝诱尔。

原夫四尘五荫，剖析形有；六舟三驾，运载群生：万行归空，千门入善，辩才智惠(三)，岂徒“七经”、百氏之博哉？明非尧、舜、周、孔所及也。内外两教，本为一体，渐积(四)为异，深浅不同。内典初门，设五种禁；外典仁义礼智信，皆与之符。仁者，不杀之禁也；义者，不盗之禁也；礼者，不邪之禁也；智者，不酒之禁也；信者，不妄之禁也。至如畋狩(五)军旅，燕享(六)刑罚，因民之性，不可卒除，就为之节，使不淫滥尔。归周、孔而背释宗(七)，何其迷也！

【注释】

（一）三世：佛教谓过去、现在、未来。

（二）归心：这里是归心佛教之意。

（三）智惠：即智慧。

（四）渐积：逐渐发展，积聚。

（五）畋狩：畋，tián，打猎；狩，古代指冬天打猎。

（六）燕享：即“燕飨”，以酒食祭神，泛指以酒食款待人。

（七）释宗：指佛教。

【今解】

97. 平衡进取与安宁

“三世之事，信而有征，家世归心，勿轻慢也。其间妙旨，具诸经论，不复于此，少能赞述；但惧汝曹犹未牢固，略重劝诱尔。”

——颜之推《颜氏家训·归心》

颜之推对儒、释、道都比较信奉，这和当时的社会风气有关，也和他所处的士族阶层有关。颜之推所生活的时代佛教盛行，人们用佛家的道理来修身养性，达到内在宁静的目的，因为当时社会动荡，人们心无所安，佛教给了人们慰藉。同时，颜之推作为国家的管理者和读书人，他又用儒家的理念来指导自己的实践，从而做到：进可保民安邦，退可内心安宁；生亦积极进取，死亦淡定祥和。

家庭对孩子影响最深远的是“三观”，也就是人生观、世界观和价值观，我们常说“不是一家人，不进一家门”，这其实把因果关系搞反了，应该是“进了一家门，慢慢就成为一家人”，亲子关系的亲密性和生活的紧密性都使长辈的各种观念在不经意间就传导给了孩子，而孩子也在不经意间就接受了家庭的主导价值。

在“归心”篇中，我们既要看到颜之推所处的大的社会背景，也要看到动荡的社会让士子、文人自觉地用佛理来寻求解脱，寻找生命的出路。颜之推在这里向子孙强调释家的重要性，不是强硬地要求子孙追随父辈的信仰，而是“惧汝曹犹未牢固，略重劝诱尔”，这就是父母唯恐哪句话说少了，或者没有强调到位而影响了孩子的发展，或者有所遗漏而让子孙付出更多的代价。

在社会动荡的南北朝时期，有着儒学传统的颜氏家族一方面遵循儒学思想，另一方面又担心子孙的“愚忠”伤害到自身，导致心理失去平衡，故而自然地通过佛家的出世思想来平衡儒家的入世追求。这就是家庭教育，它既有家国理想的传承与追求，又有舐犊之情的流露与表达。

在当今世界，孩子易受社会环境及传播媒介等的影响，为了平衡孩子的精神世界，家庭需要有意识地引导孩子对社会上的各种思想进行分析，避免孩子走入歧途。

父母在坚守家庭固有的价值追求、尊崇社会主流价值的同时，还需要用中和的思想引导子女，让子女在奋进中保持安宁，在安宁中拥有向上的力量。

98. 平衡本土与域外

> “内外两教，本为一体，渐积为异，深浅不同。内典初门，设五种禁；外典仁义礼智信，皆与之符。仁者，不杀之禁也；义者，不盗之禁也；礼者，不邪之禁也；智者，不酒之禁也；信者，不妄之禁也。至如畋狩军旅，燕享刑罚，因民之性，不可卒除，就为之节，使不淫滥尔。归周、孔而背释宗，何其迷也！”
>
> ——颜之推《颜氏家训·归心》

颜之推在“归心”篇中，向子孙强调了他对佛教的推崇，并将佛教的教义与上古思想、诸子百家思想进行比较。在比较中，他认为佛家和儒家在根本上是一体的，只是教义上有些区别，深浅也有所不同而已。他在这里举了佛家“五禁”（或称“五戒”）与儒家“五常”的相通之处，这是佛教进入中国，在中国化的过程中与中国固有文化相互阐释的结果。他将“仁”与“不杀”，“义”与“不盗”，“礼”与“不邪”，“智”与“不酒”，“信”与“不妄”对应，当然，这样的对应只是“接近”，它们的差异还是很大的。至于像狩猎、征战、饮宴、刑罚等日常生活和保境安民的行动，不可能急着根除，但是也要有节制，不要过分滥用就行。他认为那些只尊崇周礼和孔子学说而背离佛教宗旨的人很糊涂。

这里我不评价颜之推将儒释进行比较是否恰当，我也没有能力去做出这样的判断。从古至今，我们的本土文化和域外文化发生了多次碰撞，特别近代以来，学术界甚至一度把西方文化奉为经典，言必称古希腊，文必引英美哲学，而忽略了本国文化中的智慧。

今天，我们读书并用所学理论来解决实际问题，就必然要回归我们的文化之根，梳理我们的文化脉络，因此我们要认真研究自己的文化，形成文化自信。

未来社会成熟的公民，要有包容不同文化的心态，要有沟通不同文化的能力，要有促成整个世界和睦相处的智慧。这条路尽管很长，但前途光明。

【原文】

俗之谤者，大抵有五：其一，以世界外事及神化无方为迂诞[一]也；其二，以吉凶祸福或未报应为欺诳[二]也；其三，以僧尼行业多不精纯为奸慝[三]也；其四，以糜费金宝减耗课役[四]为损国也；其五，以纵有因缘如报善恶，安能辛苦今日之甲，利益后世之乙乎？为异人也。今并释之于下云。

释一曰：夫遥大之物，宁可度量？今人所知，莫若天地。天为积气，地为积块，日为阳精，月为阴精，星为万物之精，儒家所安也。星有坠落，乃为石矣；精若是石，不得有光，性又质重，何所系属？一星之径，大者百里，一宿首尾，相去数万；百里之物，数万相连，阔狭从斜，常不盈缩。又星与日月，形色同尔，但以大小为其等差；然而日月又当石也？石既牢密，乌兔[五]焉容？石在气中，岂能独运？日月星辰，若皆是气，气体轻浮，当与天合，往来环转，不得错违，其间迟疾，理宜一等；何故日月五星二十八宿，各有度数，移动不均？宁当气坠，忽变为石？地既滓浊，法应沉厚，凿土得泉，乃浮水上；积水之下，复有何物？江河百谷，从何处生？东流到海，何为不溢？归塘尾闾[六]，渫[七]何所到？沃焦之石，何气所然？潮汐去还，谁所节度？天汉悬指，那不散落？水性就下，何故上腾？天地初开，便有星宿，九州未划，列国未分，翦疆[八]区野，若为躔次[九]？封建已来，谁所制割？国有增减，星无进退，灾祥祸福，就中不差；乾象之大，列星之伙[十]，何为分野，止系中国？昴[十一]为旄头[十二]，匈奴之次；西胡、东越，雕题、交址，独弃之乎？以此而求，迄无了者，岂得以人事寻常，抑必宇宙外也？

凡人之信，唯耳与目；耳目之外，咸致疑焉。儒家说天，自有数义：或浑或盖，乍宣乍安。斗极[十三]所周，管维[十四]所属，若所亲见，不容不同；若所测量，宁足依据？何故信凡人之臆说，迷大圣之妙旨，而欲必无恒沙世界、微尘数劫也？而邹衍亦有九州之谈。山中人不信有鱼大如木，海上人不信有木大如鱼；汉武不信弦胶[十五]，魏文不信火布[十六]；胡人见锦，不信有虫食树吐丝所成；昔在江南，不信有千人毡帐，及来河北，不信有二万斛船：皆实验也。

世有祝师[十七]及诸幻术，犹能履火蹈刃，种瓜移井，倏忽[十八]之间，十变五化。人力所为，尚能如此；何况神通感应，不可思量，千里宝幢[十九]，百由旬[二十]座，化成净土，踊出妙塔乎？

【注释】

（一）迂诞：言辞夸大荒诞，不合事理。

（二）欺诳：欺骗迷惑。

（三）奸慝：奸恶的人。

（四）课役：赋税及徭役。

（五）乌兔：神话谓日中有乌，月中有兔，故以“乌兔”指日月。

（六）尾闾：古代传说中泄海水之处。

（七）渫：xiè，泄，疏通。

（八）翦疆：翦：jiǎn，同“剪”。划断疆界。

（九）躔次：躔，chán。日月星辰在运行轨道上的位次。

（十）伙：多。

（十一）昴：mǎo，星宿名。二十八宿之一，为白虎七宿的第四宿。

（十二）旄头：即昴星。这里指匈奴对应的星宿。

（十三）斗极：北斗星与北极星。

（十四）管维：斗枢，古人指天宇所据以运转的枢纽。

（十五）弦胶：即续弦胶。古代传说凤麟洲上多凤麟，取凤嘴和麟角合煎成膏，可用以接续折断的刀剑及弓弦。类似于现代社会的“万能胶”。

（十六）火布：即传说中的防火布。

（十七）祝师：能祝物（一种以符咒变物的巫术）的巫师。

（十八）倏忽：忽然，疾速。

（十九）宝幢：用珍宝装饰的旗帜，也指刻有佛号或经咒的石柱。

（二十）由旬：量词。古印度计算路程的单位。一由旬的长度，有四十里、六十里和八十里各种说法。

【今解】

99. 平衡已知与未知

> “俗之谤者，大抵有五：其一，以世界外事及神化无方为迂诞也……释一曰：夫遥大之物，宁可度量？今人所知，莫若天地……以此而求，迄无了者，岂得以人事寻常，抑必宇宙外也？”
>
> ——颜之推《颜氏家训·归心》

颜之推在这里分析儒家与释家各自秉持的观点，说明了已知与未知的关系，着重说明了未知未必不存在，对此应怀谨慎之心。

首先，他反驳儒家的天地星辰的概念，儒家认为天是清气上浮者，地是浊气下沉者，太阳是阳刚的精华，月亮是阴柔的精华，星星是万物的精华。陨落到地面的星星原来是石头，石头是如何飘在空中的，又是怎么发光的？

其次，既然星星是石头，那么太阳和月亮也应该是石头，三足乌和玉兔是怎么在太阳和月亮中存在的？太阳和月亮如果是石头，它们又是怎么在大气中运行的？

第三，大地往下挖会渗出水来，说明大地浮在水上，那么水下又是什么？大江大河的水往大海流，海水为什么不溢出来？水应该是往低处流，为什么又会往天上流，从而形成银河？

第四，如果天上的星宿代表诸侯国，那么为什么诸侯国有增有减，星星却没有增减？这些问题没有人能搞清楚。

颜之推驳斥了儒家信奉的一些理论，这些问题拿到现在讨论可能会让人发笑，因为限于当时的科学认知，颜之推只能通过各种神话传说来认识宇宙以及自然界的规律。

人类对世界的认识随着科学的进步而不断发展。现代父母应让孩子认识到：接受教育、努力学习科学知识，不但为了获得技能或者谋求一份职业，更应该让自己更明智、更客观地探索世界的奥秘，避免因为愚昧而受蒙蔽。

【原文】

释二曰：夫信谤之征，有如影响；耳闻目见，其事已多，或乃精诚不深，业缘（一）未感，时傥差阑（二），终当获报耳。善恶之行，祸福所归。九流（三）百氏（四），皆同此论，岂独释典为虚妄乎？项橐、颜回之短折，伯夷、原宪之冻馁（五），盗跖、庄蹻之福寿，齐景、桓魋之富强，若引之先业，冀以后生，更为通耳。如以行善而偶钟（六）祸报，为恶而傥值（七）福征，便生怨尤，即为欺诡，则亦尧、舜之云虚，周、孔之不实也，又欲安所依信而立身乎？

【注释】

（一）业缘：佛教语，谓苦乐皆为业力而起。

（二）差阑：略迟，较晚。

（三）九流：指儒家、道家、阴阳家、法家、名家、墨家、纵横家、杂家、农家。

（四）百氏：诸子百家。

（五）冻馁：馁，něi，饥饿。寒冷饥饿。

（六）钟：遭遇。

（七）值：遇到。

【今解】

100. 平衡偶然性与必然性

“释二曰：夫信谤之征，有如影响；耳闻目见，其事已多，或乃精诚不深，业缘未感，时傥差阑，终当获报耳。善恶之行，祸福所归。九流百氏，皆同此论，岂独释典为虚妄乎？项橐、颜回之短折，伯夷、原宪之冻馁，盗跖、庄蹻之福寿，齐景、桓魋之富强，若引之先业，冀以后生，更为通耳。如以行善而偶钟祸报，为恶而傥值福征，便生怨尤，即为欺诡；则亦尧、舜之云虚，周、孔之不实也，又欲安所依信而立身乎？”

——颜之推《颜氏家训 · 归心》

颜之推用一些名人的例子说明：一个人是行善还是行恶，注定了他是招来灾祸还是获得福报。这一论述与我们日常讨论的“善有善报，恶有恶报”是一致的。

这个世界充满着偶然性与必然性，根据马克思主义哲学的观点，偶然性中有必然性，必然性中存在着偶然性。

人们不能因为身边存在着偶然性就怀疑必然性。如父母教育孩子勤奋学习，并因此获得更好的发展机会，这是“天道酬勤”的必然性的体现。父母要引导孩子发现这一必然性的规律，不因身边个别人的机遇而怀疑努力的必然性。

同时，父母也要让孩子知道努力与成功之间并非一一对应、时时对应。很多时候，努力并不能马上带来所期待的结果，这时要能坚持不懈地努力，从而在机遇来临时，做个有准备的人。

父母要从小引导孩子按照正确的价值观去努力，而不是根据结果决定是否去奋斗。围绕目标，只问耕耘，莫问收获，才能迎来更大收获。

今天，父母应教导子女：我们每个人都具有一定的独立性，这个世界没有一个“超人”会给你的每天言行举止“加减分”，没有一个悬在时空中的超级计算机帮所有人去计算，然后给予奖励或者惩罚。我们应发自内心地做对人类有益的事。

【原文】

释三曰：开辟已来，不善人多而善人少，何由悉责其精洁[一]乎？见有名僧高行，弃而不说；若睹凡僧流俗，便生非毁。且学者之不勤，岂教者之为过？俗僧之学经律，何异士人之学诗、礼？以诗、礼之教，格[二]朝廷之人，略无全行者；以经律之禁，格出家之辈，而独责无犯哉？且阙行[三]之臣，犹求禄位；毁禁之侣[四]，何惭供养乎？其于戒行，自当有犯。一披法服，已堕僧数，岁中所计，斋讲诵持，比诸白衣[五]，犹不啻山海也。

【注释】

（一）精洁：精粹纯洁。

（二）格：匡正，改正，衡量。

（三）阙行：道德修养上有过错。

（四）侣：僧侣。

（五）白衣：佛教称呼在家的世俗之人。

【今解】

101. 平衡片面与全面

“释三曰：开辟已来，不善人多而善人少，何由悉责其精洁乎？见有名僧高行，弃而不说；若睹凡僧流俗，便生非毁。且学者之不勤，岂教者之为过？俗僧之学经律，何异士人之学《诗》《礼》？以《诗》《礼》之教，格朝廷之人，略无全行者；以经律之禁，格出家之辈，而独责无犯哉？且阙行之臣，犹求禄位；毁禁之侣，何惭供养乎？其于戒行，自当有犯。一披法服，已堕僧数，岁中所计，斋讲诵持，比诸白衣，犹不啻山海也。”

——颜之推《颜氏家训·归心》

颜之推在这里说明了两个道理：一是不要以偏概全，二是不要求全责备。

以偏概全是人们在日常生活中看待问题时容易犯的错误，这是因为人们所能掌握的资源是有限的，但是人们为了更好地认识世界，又有总结概括的需要，这样做能让自己的认识效率更高，获得安全感。所以，许多人都有这种认知倾向，当看到某些现象时就会总结成某个群体的特点，如孩子看到某些教师的不良教育行为时，他们就会怀疑所有教师都是如此，就会对所有教师产生畏惧心，从而不敢亲近教师，有问题不敢请教教师。如果孩子回来说老师对他很凶，父母可以和孩子交流：“老师是对所有人都这样，还是针对你一个人？”类似这样的问题可以引导孩子从某一两件事情和一两种行为中走出来，用更为全面的眼光分析问题。

求全责备，这也是人们常见的心理，特别是在对一个人、一件事或者一个职业、行业进行分析时，更容易犯这样的错。如有些家长认为教师是“人类灵魂的工程师”，就对他们的教育行为求全责备，认为他们不能有一点过错，甚至不顾现实把他们拔高到“非人”而近似“神”的地步。其实，任何人做任何事都需要有从不足到越来越完善的过程。孩子之间交朋友也是这样，当孩子对同伴的行为产生怀疑时，父母也要引导孩子避免对同伴求全责备，让孩子学会客观辩证地看待问题。

无论是以偏概全还是求全责备，都是人们认知片面性的表现，要想突破认知的片面性，就要父母与教师通过教导帮助孩子认知得更全面、更成熟。

【原文】

释四曰：内教多途，出家自是其一法耳。若能诚孝在心，仁惠为本，须达、流水，不必剃落须发；岂令罄（一）井田而起塔庙，穷编户以为僧尼也？皆由为政不能节之，遂使非法之寺，妨民稼穑，无业之僧，空国赋算，非大觉之本旨也。抑又论之：求道者，身计也；惜费者，国谋也。身计国谋，不可两遂。诚臣徇主而弃亲，孝子安家而忘国，各有行也。儒有不屈王侯高尚其事，隐有让王辞相避世山林；安可计其赋役，以为罪人？若能偕化黔首（二），悉入道场（三），如妙乐（四）之世，禳佉（五）之国，则有自然稻米，无尽宝藏，安求田蚕之利乎？

【注释】

（一）罄：qìng，本义为器中空，引申为尽，用尽。

（二）黔首：黔，qián，黑。黎民，老百姓。

（三）道场：宣扬佛法、修炼道行的场所。

（四）妙乐：古代西印度国名及奇妙的音乐。

（五）禳佉：ráng qū，印度古代神话中的国王名。

【今解】

102. 平衡私利与公益

“释四曰：内教多途，出家自是其一法耳。若能诚孝在心，仁惠为本，须达、流水，不必剃落须发；岂令罄井田而起塔庙，穷编户以为僧尼也？皆由为政不能节之，遂使非法之寺，妨民稼穑，无业之僧，空国赋算，非大觉之本旨也。抑又论之：求道者，身计也；惜费者，国谋也。身计国谋，不可两遂。诚臣徇主而弃亲，孝子安家而忘国，各有行也。儒有不屈王侯高尚其事，隐有让王辞相避世山林；安可计其赋役，以为罪人？若能偕化黔首，悉入道场，如妙乐之世，穰佉之国，则有自然稻米，无尽宝藏，安求田蚕之利乎？”

——颜之推《颜氏家训·归心》

颜之推这里向子孙传达了一个思想：每个人的私人道德修养、精神追求应该与国家的发展联系在一起。现代父母应引导孩子学会平衡公私利益，要运用智慧，既承担一定的社会责任，又要能够坚守内心的价值观，不断回归内在，涤荡并丰富自己的灵魂。

在家庭教育中，父母自然会把培养孩子出人头地作为个体目标，即让孩子更成功。这一自然本能的追求很容易忽视国家的利益与人才诉求，甚至在一定的情形下会和国家倡导的价值追求相矛盾。

我们在倡导社会价值时，也应尊重每个人、每个家庭的个体利益，这样，公共利益才能得到广大社会成员的认同而积极落实。如我们在家庭教育指导中要将社会主义核心价值观与孩子成长的价值联系起来，让家长们明白引导孩子友善诚信对孩子个体发展的价值，明白敬业爱国对孩子可持续发展的意义。

【原文】

释五曰：形体虽死，精神犹存。人生在世，望于后身似不相属；及其殁后，则与前身似犹老少朝夕耳。世有魂神（一），示现梦想，或降童妾（二），或感妻孥，求索饮食，征须福佑，亦为不少矣。今人贫贱疾苦，莫不怨尤前世不修功业；以此而论，安可不为之作地（三）乎？夫有子孙，自是天地间一苍生（四）耳，何预身事？而乃爱护，遗其基址，况于己之神爽，顿欲弃之哉？凡夫蒙蔽，不见未来，故言彼生与今非一体耳；若有天眼，鉴其念念随灭，生生不断，岂可不怖畏邪？又君子处世，贵能克己复礼，济时益物。治家者欲一家之庆，治国者欲一国之良，仆妾臣民，与身竟何亲也，而为勤苦修德乎？亦是尧、舜、周、孔虚失愉乐耳。一人修道，济度（五）几许苍生？免脱几身罪累？幸熟思之！汝曹若观俗计，树立门户，不弃妻子，未能出家；但当兼修戒行，留心诵读，以为来世津梁（六）。人生难得，无虚过也。

【注释】

（一）魂神：魂灵。

（二）童妾：婢女，小妾。

（三）地：这里指福地。

（四）苍生：草木生长之处，借指百姓。

（五）济度：以佛法救济众生脱离苦海。

（六）津梁：渡口和桥梁，比喻能起引导、过渡作用的事物或方法。

【今解】

103. 平衡私德与家风

“释五曰：形体虽死，精神犹存。人生在世，望于后身似不相属；及其殁后，则与前身似犹老少朝夕耳。世有魂神，示现梦想，或降童妾，或感妻孥，求索饮食，征须福佑，亦为不少矣。今人贫贱疾苦，莫不怨尤前世不修功业；以此而论，安可不为之作地乎？夫有子孙，自是天地间一苍生耳，何预身事？而乃爱护，遗其基址，况于己之神爽，顿欲弃之哉？凡夫蒙蔽，不见未来，故言彼生与今非一体耳；若有天眼，鉴其念念随灭，生生不断，岂可不怖畏邪？又君子处世，贵能克己复礼，济时益物。治家者欲一家之庆，治国者欲一国之良，仆妾臣民，与身竟何亲也，而为勤苦修德乎？亦是尧、舜、周、孔虚失愉乐耳。一人修道，济度几许苍生？免脱几身罪累？幸熟思之！汝曹若观俗计，树立门户，不弃妻子，未能出家；但当兼修戒行，留心诵读，以为来世津梁。人生难得，无虚过也。”

——颜之推《颜氏家训·归心》

颜之推认为，君子在世间一遭，难能可贵的是克己复礼，能够用自己的能力救济苍生。管理家庭，能够让所有家庭成员过得安稳；治理国家，能够让国家强盛，让百姓过上幸福的生活。人生一世不容易，不要虚度了光阴。

颜之推对子孙的谆谆教导对今天的父母也有启发，父母的道德观、价值观、处世态度、生活方式等都会或多或少地影响下一代，父母所营造的家风会在代与代之间传承，文化的力量、精神的力量不会随着前一代人的消失而消失，而会一代代地传承下去。因此，父母应引导孩子传承好家风。

古语有云：“道德传家，十代以上；耕读传家，次之；诗书传家，又次之；富贵传家，不过三代。”这一句话充分表达了一个家庭在子孙培养上内容选择的重要性。用现代科学的语言表述，就是一个家庭的兴旺发达与子孙良好的道德修养成正相关。良好的道德修养能促使子孙走正道、不涉险，确保他们安全无虞；同时，良好的道德修养还能使孩子“得道多助”，事业兴旺发达。

有些家长会被当前的一些现象所蒙蔽，认为一些人虽生活富足，其道德品质却乏善可陈，并得出结论——这个世界不公平，好人被人欺，甚至扭转价值观。这是目光短浅所致。殊不知，那样的人所培养的孩子如果价值观不正确，很容易养成坏的习气，即使这一代人积累下财富，也会在下一代或下几代的不当运用下而消耗殆尽。

由此可见，一代父母的私德就在塑造一个家庭的家风，好的家庭教育会让好家风代代传承、永续发展。

【原文】

儒家君子，尚离庖厨，见其生不忍其死，闻其声不食其肉。高柴、折像，未知内教，皆能不杀，此乃仁者自然用心。含生之徒，莫不爱命；去杀之事，必勉行之。好杀之人，临死报验，子孙殃祸，其数甚多，不能悉录耳，且示数条于末。

梁世有人，常以鸡卵白和沐，云使发光，每沐辄二三十枚。临死，发中但闻啾啾数千鸡雏声。

江陵刘氏，以卖鳝羹为业。后生一儿头是鳝，自颈以下，方为人耳。

王克为永嘉郡守，有人饷羊，集宾欲宴。而羊绳解，来投一客，先跪两拜，便入衣中。此客竟不言之，固无救请。须臾，宰羊为羹，先行至客。一脔(一)入口，便下皮内，周行遍体，痛楚号叫，方复说之。遂作羊鸣而死。

梁孝元在江州时，有人为望蔡县令，经刘敬躬乱，县廨(二)被焚，寄寺而住。民将牛酒作礼，县令以牛系刹柱，屏除形像，铺设床坐，于堂上接宾。未杀之顷，牛解，径来至阶而拜，县令大笑，命左右宰之。饮啖醉饱，便卧檐下。稍醒而觉体痒，爬搔隐疹，因尔成癞，十许年死。

杨思达为西阳郡守，值侯景乱，时复旱俭，饥民盗田中麦。思达遣一部曲(三)守视，所得盗者，辄截手腕，凡戮十余人。部曲后生一男，自然无手。

齐有一奉朝请，家甚豪侈，非手杀牛，啖之不美。年三十许，病笃，大见牛来，举体如被刀刺，叫呼而终。

江陵高伟，随吾入齐，凡数年，向幽州淀中捕鱼。后病，每见群鱼啮(四)之而死。

世有痴人，不识仁义，不知富贵并由天命。为子娶妇，恨其生资不足，倚作舅姑之尊，蛇虺其性，毒口加诬，不识忌讳，骂辱妇之父母，却成教妇不孝己身，不顾他恨。但怜己之子女，不爱己之儿妇。如此之人，阴纪(五)其过，鬼夺其算。慎不可与为邻，何况交结乎？避之哉！

【注释】

(一) 脔：luán，切成小块的肉。

(二) 廨：官署，旧时官吏办公处所的通称。

(三) 部曲：古代军队编制单位。

(四) 啮：niè，咬。

(五) 纪：同“记”。

【今解】

104. 平衡己心与他心

> "儒家君子，尚离庖厨，见其生不忍其死，闻其声不食其肉。高柴、折像，未知内教，皆能不杀，此乃仁者自然用心。含生之徒，莫不爱命；去杀之事，必勉行之。好杀之人，临死报验，子孙殃祸，其数甚多，不能悉录耳，且示数条于末。"
>
> ——颜之推《颜氏家训·归心》

颜之推认为，儒家君子应该远离厨房，因为看到那些作为食材的禽类、兽类生龙活虎的样子，就不忍心看到它们被杀；听到它们临死时悲惨的叫声，就不忍心吃它们的肉。他认为人都是怕死而珍惜生命的，按照儒家经典的论述“己所不欲，勿施于人”，那么一个人自己怕死，就要体谅别人（以及其他动物）也是怕死的。因此，颜之推对子孙们说，要努力做到不要杀生。

颜之推通过教导子孙不要杀生传递出众生平等的理念，这对现代家庭教育也有启发。父母应告诉子女：每个生命都有生的权利，即使避免不了杀生的行为，也需要照顾到动物的“尊严”和“感受”，如不要折磨动物，不要把杀生当成游戏或宣泄情绪的手段。

总之，父母应教导孩子对所有的生物抱有悲悯的情怀，套用一句网络语言就是“你可以不爱，但是请不要伤害”。

培养孩子善良的心性是教育的要义。很多家长都有这样的经验：孩子小时候，看到父母杀鸡宰鸭会竭力阻挡，哭诉着不让下刀。这时家长别以为孩子幼稚，甚至取笑、打击孩子，不顾孩子感受，强行下刀。这会对孩子造成伤害，影响孩子的身心健康。遇到这样的情况要理解孩子当时年龄的特点，不强求孩子马上理解，最好避免在孩子面前杀鸡宰鸭。

孩子的同情心具有先天性，也需要后天培养。家长要从小引导孩子从他人的角度思考问题，以增强孩子换位思考的能力。

卷第六

十七、"书证"篇

【原文】

诗云:"参差荇菜。"尔雅云:"荇,接余也。"字或为莕[一]。先儒解释皆云:"水草,圆叶细茎,随水浅深。今是水悉有之,黄花似莼[二],江南俗亦呼为'猪莼',或呼为'荇菜'。"刘芳具有注释。而河北俗人多不识之,博士皆以参差者是苋菜,呼"人苋"为"人荇",亦可笑之甚。

诗云:"谁谓荼苦?"尔雅、毛诗传并以荼,苦菜也。又礼云:"苦菜秀。"案:易统通卦验玄图曰:"苦菜生于寒秋,更冬历春,得夏乃成。"今中原苦菜则如此也。一名"游冬",叶似苦苣而细,摘断有白汁,花黄似菊。江南别有苦菜,叶似酸浆,其花或紫或白,子大如珠,熟时或赤或黑,此菜可以释劳。案:郭璞注尔雅,此乃蘵[三],黄蒢[四]也。今河北谓之"龙葵"。梁世讲礼者,以此当苦菜;既无宿根,至春方生耳,亦大误也。又高诱注吕氏春秋曰:"荣而不实曰英。"苦菜当言英,益知非龙葵也。

诗云:"有杕[五]之杜。"江南本并"木"傍施"大",传曰:"杕,独貌也。"徐仙民音徒计反。说文曰:"杕,树貌也。"在"木部"。韵集音"次第"之"第",而河北本皆为"夷狄"之"狄",读亦如字,此大误也。

诗云:"駉駉[六]牡马。"江南书皆作"牝牡"之"牡",河北本悉为"放牧"之"牧"。邺下博士见难云:"駉颂既美僖公牧于坰野[七]之事,何限骍骘[八]乎?"余答曰:"案:毛传云:'駉駉,良马腹干肥张也。'其下又云:'诸侯六闲四种:有良马,戎马,田马,驽马。'若作牧放之意,通于牝牡,则不容限在良马独得'駉駉'之称。良马,天子以驾玉辂[九],诸侯以充朝聘郊祀,必无骍也。周礼圉人(十)职：‘良马，匹一人；驽马，丽一人。’圉人所养，亦非骍也；颂人举其强骏者言之，于义为得也。易曰：‘良马逐逐。’左传云：‘以其良马二。’亦精骏之称，非通语也。今以诗传良马，通于牧骍，恐失毛生之意，且不见刘芳义证乎？”

月令云：“荔挺出。”郑玄注云：“荔挺，马薤(十一)也。”说文云：“荔，似蒲而小，根可为刷。”广雅云：“马薤，荔也。”通俗文亦云马蔺。易统通卦验玄图云：“荔挺不出，则国多火灾。”蔡邕月令章句云：“荔似挺。”高诱注吕氏春秋云：“荔草挺出也。”然则月令注荔挺为草名，误矣。河北平泽率生之。江东颇有此物，人或种于阶庭，但呼为“旱蒲”，故不识马薤。讲礼者乃以为马苋；马苋堪食，亦名豚耳，俗名马齿。江陵尝有一僧，面形上广下狭；刘缓幼子民誉，年始数岁，俊晤善体物，见此僧云：“面似马苋。”其伯父绍因呼为“荔挺法师”。绍亲讲礼名儒，尚误如此。

诗云：“将其来施施。”毛传云：“施施，难进之意。”郑笺云：“施施，舒行貌也。”韩诗亦重为“施施”。河北毛诗皆云“施施”。江南旧本，悉单为“施”，俗遂是之，恐为少误。

诗云：“有渰(十二)萋萋，兴云祁祁。”毛传云：“渰，阴云貌。萋萋，云行貌。祁祁，徐貌也。”笺云：“古者，阴阳和，风雨时，其来祁祁然，不暴疾也。”案：渰已是阴云，何劳复云“兴云祁祁”耶？“云”当为“雨”，俗写误耳。班固灵台诗云：“三光宣精，五行布序，习习祥风，祁祁甘雨。”此其证也。

礼云：“定犹豫，决嫌疑。”离骚曰：“心犹豫而狐疑。”先儒未有释者。案：尸子曰：“五尺犬为犹。”说文云：“陇西谓犬子为犹。”吾以为人将犬行，犬好豫在人前，待人不得，又来迎候，如此往还，至于终日，斯乃“豫”之所以为未定也，故称“犹豫”。或以尔雅曰：“犹如麂(十三)，善登木。”犹，兽名也，既闻人声，乃豫缘木，如此上下，故称“犹豫”。狐之为兽，又多猜疑，故听河冰无流水声，然后敢渡。今俗云：“狐疑，虎卜。”则其义也。

左传曰：“齐侯痎(十四)，遂痁(十五)。”说文云：“痎，二日一发之疟。痁，有热疟也。”案：齐侯之病，本是间日一发，渐加重乎故，为诸侯忧也。今北方犹呼“痎疟”，音“皆”。而世间传本多以“痎”为“疥”，杜征南亦无解释，徐仙民音“介”，俗儒就为通云：“病疥，令人恶寒，变而成疟。”此臆说也。疥癣小疾，何足可论，宁有患疥转作疟乎？

尚书曰："惟影响。"周礼云："土圭测影，影朝影夕。"孟子曰："图影失形。"庄子云："罔两问影。"如此等字，皆当为"光景"之"景"。凡阴景者，因光而生，故即谓为"景"。淮南子呼为"景柱"，广雅云："晷柱挂景。"并是也。至晋世葛洪字苑，傍始加"彡"，音于景反。而世间辄改治尚书、周礼、庄、孟从葛洪字，甚为失矣。

太公六韬，有天陈、地陈、人陈、云鸟之陈。论语曰："卫灵公问陈于孔子。"左传："为鱼丽之陈。"俗本多作"阜"傍"车乘"之"车"。案诸陈队，并作"陈、郑"之"陈"。夫行陈之义，取于陈列耳，此六书为假借也，苍、雅及近世字书，皆无别字；唯王羲之小学章，独"阜"傍作"车"，纵复俗行，不宜追改六韬、论语、左传也。

诗云："黄鸟于飞，集于灌木。"传云："灌木，丛木也。"此乃尔雅之文，故李巡注曰："木丛生曰灌。"尔雅末章又云："木族生为灌。"族亦丛聚也。所以江南诗古本皆为"丛聚"之"丛"，而古"丛"字似"冣(十六)"字，近世儒生，因改为"冣"，解云："木之冣高长者。"案：众家尔雅及解诗无言此者，唯周续之毛诗注，音为徂(十七)会反，刘昌宗诗注，音为在公反，又祖会反：皆为穿凿，失尔雅训也。

【注释】

（一）荇：xìng，同"莕"。

（二）莼：一种水生植物，嫩叶可食。

（三）蘵：zhī，古书上说的一种草，花小而白，中心黄。

（四）黄蒢：蒢，chú。一种中草药。

（五）杕：dì，（树木）孤独挺立的样子。

（六）駉駉：jiōng jiōng，马肥壮貌，亦指肥壮之马。

（七）坰野：郊野。

（八）騭：zhì，雄马。

（九）玉辂：辂，lù，古代车辕上用来挽车的横木，也指大车。用珠玉装饰的车子，多指天子所乘的车辇。

（十）圉人：圉，yǔ，养马的地方。周朝官名，掌管养马放牧等事，泛称养马的人。

（十一）薤：xiè，多年生草本植物，地下有鳞茎，鳞茎可食。

（十二）渰：yǎn，阴云。

（十三）麂：jǐ，哺乳动物，像鹿，腿细而有力，善于跳跃。

（十四）痎：jiē，古时指一种疟疾。

（十五）痁：shān，疟病。

（十六）冣：zuì，古同“最”。

（十七）徂：cú。

【原文】

“也”是语已及助句之辞，文籍备有之矣。河北经传，悉略此字，其间字有不可得无者，至如“伯也执殳[一]”“于旅也语”“回也屡空”“风，风也，教也”，及诗传云：“不戢[二]，戢也；不傩[三]，傩也。”“不多，多也。”如斯之类，傥削此文，颇成废阙。诗言：“青青子衿。”传曰：“青衿，青领也，学子之服。”按：古者，斜领下连于衿，故谓领为“衿”。孙炎、郭璞注尔雅，曹大家[四]注列女传，并云：“衿，交领也。”邺下诗本，既无“也”字，群儒因谬说云：“青衿、青领，是衣两处之名，皆以青为饰。”用释“青青”二字，其失大矣！又有俗学，闻经传中时须“也”字，辄以意加之，每不得所，益成可笑。

易有蜀才注，江南学士，遂不知是何人。王俭四部目录，不言姓名，题云：“王弼后人。”谢炅、夏侯该，并读数千卷书，皆疑是谯周；而李蜀书一名汉之书，云：“姓范名长生，自称蜀才。”南方以晋家渡江后，北间传记，皆名为“伪书”，不贵省读，故不见也。

礼王制云：“裸股肱。”郑注云：“谓捋[五]衣出其臂胫。”今书皆作“擐[六]甲”之“擐”。国子博士萧该云：“‘擐’当作‘揎’，音‘宣’，‘擐’是穿着之名，非出臂之义。”案字林，萧读是，徐爰音“患”，非也。

汉书：“田肎[七]贺上。”江南本皆作“宵”字。沛国刘显，博览经籍，偏精班汉，梁代谓之“汉圣”。显子臻，不坠家业。读班史，呼为“田肎”。梁元帝尝问之，答曰：“此无义可求，但臣家旧本，以雌黄改‘宵’为‘肎’。”元帝无以难之。吾至江北，见本为“肎”。

汉书王莽赞云：“紫色蛙声，余分闰位。”盖谓非玄黄之色，不中律吕之音也。近有学士，名问甚高，遂云：“王莽非直鸢髆[八]虎视，而复紫色蛙声。”亦为误矣。

简“策”字，“竹”下施“朿”，末代隶书，似杞、宋之“宋”，亦有“竹”下遂为“夹”者；犹如“刺”字之傍应为“朿”，今亦作“夹”。徐仙民春秋、礼音，遂以“筴”为正字，以“策”为音，殊为颠倒。史记又作“悉”字，误而为“述”，作“妒”字，误而为“妬(九)”，裴、徐、邹皆以“悉”字音“述”，以“妒”字音“妬”。既尔，则亦可以“亥”为“豖”字音，以“帝”为“虎”字音乎？

张揖云：“虙，今伏羲氏也。”孟康汉书古文注亦云：“虙，今伏。”而皇甫谧云：“伏羲或谓之宓羲。”按诸经史纬侯，遂无“宓羲”之号。“虙”字从“虍”，“宓”字从“宀”，下俱为“必”，末世传写，遂误以“虙”为“宓”，而帝王世纪因误更立名耳。何以验之？孔子弟子虙子贱为单父宰，即虙羲之后，俗字亦为“宓”，或复加“山”。今兖州永昌郡城，旧单父地也，东门有子贱碑，汉世所立，乃曰：“济南伏生，即子贱之后。”是知“虙”之与“伏”，古来通字，误以为“宓”，较可知矣。

【注释】

（一）殳：shū，古代的一种武器，用竹木做成，有棱无刃。

（二）戢：jí，收敛，收藏。

（三）傩：nuó，行走姿态柔美。

（四）曹大家：家，gū，通“姑”。曹大家即班昭，班彪之女，班固、班超之妹。嫁曹世叔，早寡，屡受召入宫，为皇后及诸贵人教师，号曰“大家”。

（五）擐：xuān，捋起。

（六）擐：huàn，穿。

（七）肎：kěn，古同“肯”。

（八）鸢髆：鸢，yuān，老鹰；髆，bó，古同“膊”。

（九）妬：dù，古同“妒”，忌妒，忌恨。

【原文】

太史公记曰：“宁为鸡口，无为牛后。”此是删战国策耳。案：延笃战国策音义曰：“尸，鸡中之主。从，牛子。”然则，“口”当为“尸”，“后”当为“从”，俗写误也。

应劭风俗通云：“太史公记：‘高渐离变名易姓，为人庸保，匿作于宋子，久之作苦，闻其家堂上有客击筑，伎痒，不能无出言。’”案：伎痒者，怀其伎而腹痒也。是以潘岳射雉赋亦云："徒心烦而伎痒。"今史记并作"徘徊"，或作"彷徨不能无出言"，是为俗传写误耳。

太史公论英布曰："祸之兴自爱姬，生于妒媚，以至灭国。"又汉书外戚传亦云："成结宠妾妒媚之诛。"此二"媚"并当作"媢[一]"，媢亦妒也，义见礼记、三苍。且五宗世家亦云："常山宪王后妒媢。"王充论衡云："妒夫媢妇生，则忿怒斗讼。"益知"媢"是"妒"之别名。原英布之诛为意贲赫耳，不得言"媚"。

史记始皇本纪："二十八年，丞相隗林、丞相王绾等，议于海上。"诸本皆作"山林"之"林"。开皇二年五月，长安民掘得秦时铁称权，旁有铜涂镌铭二所。其一所曰："廿六年，皇帝尽并兼天下诸侯，黔首大安，立号为皇帝，乃诏丞相状、绾，法度量则不壹、嫌疑者，皆明壹之。"凡四十字。其一所曰："元年，制诏丞相斯、去疾，法度量，尽始皇帝为之，皆有刻辞焉。今袭号而刻辞不称始皇帝，其于久远也，如后嗣为之者，不称成功盛德，刻此诏□左，使毋疑。"凡五十八字，一字磨灭，见有五十七字，了了分明。其书兼为古隶。余被敕写读之，与内史令李德林对，见此称权，今在官库；其"丞相状"字，乃为"状貌"之"状"，"爿"旁作"犬"；则知俗作"隗林"，非也，当为"隗状"耳。

汉书云："中外禔福。"字当从"示"。禔，安也，音"匙匕"之"匙"，义见苍、雅、方言。河北学士皆云如此。而江南书本，多误从"手"，属文者对耦，并为"提挈"之意，恐为误也。

或问："汉书注：'为元后父名禁，故禁中为省中。'何故以'省'代'禁'？"答曰："案：周礼宫正：'掌王宫之戒令纠禁。'郑注云：'纠，犹割也，察也。'李登云：'省，察也。'张揖云：'省，今省詧也。'然则小井、所领二反，并得训'察'。其处既常有禁卫省察，故以'省'代'禁'。詧，古察字也。"

汉明帝纪："为四姓小侯立学。"按：桓帝加元服，又赐四姓及梁、邓小侯帛，是知皆外戚也。明帝时，外戚有樊氏、郭氏、阴氏、马氏为四姓。谓之小侯者，或以年小获封，故须立学耳。或以侍祠猥[二]朝，侯非列侯，故曰小侯，礼云"庶方小侯"，则其义也。

后汉书云："鹳雀衔三鳝鱼。"多假借为"鱓鲔[三]"之"鱓"；俗之学士，因谓之为"鱓鱼"。案：魏武四时食制："鱓鱼大如五斗奁[四]，长一丈。"郭璞注尔雅："鳣长二三丈。"安有鹳雀能胜一者，况三乎？鳣又纯灰色，无文章也。鳝鱼长者不过三尺，大者不过三指，黄地黑文；故都讲云："蛇鳝，卿大夫服之象也。"续汉书及搜神记亦说此事，皆作"鳝"字。孙卿云："鱼鳖鳅鳣。"及韩非、说苑皆曰："鳣似蛇，蚕似蠋。"并作"鳣"字。假"鳣"为"鳝"，其来久矣。

后汉书："酷吏樊晔为天水郡守，凉州为之歌曰：'宁见乳虎穴，不入冀府寺。'"而江南书本"穴"皆误作"六"。学士因循，迷而不寤。夫虎豹穴居，事之较者；所以班超云："不探虎穴，安得虎子？"宁当论其六七耶？

后汉书杨由传云："风吹削肺。"此是削札牍之柿耳。古者，书误则削之，故左传云"削而投之"是也。或即谓"札"为"削"，王褒童约曰："书削代牍。"苏竟书云："昔以摩研编削之才。"皆其证也。诗云："伐木浒浒。"毛传云："浒浒，柿貌也。"史家假借为"肝肺"字，俗本因是悉作"脯腊"之"脯"，或为"反哺"之"哺"。学士因解云："削哺，是屏障之名。"既无证据，亦为妄矣！此是风角占候耳。风角书曰："庶人风者，拂地扬尘转削。"若是屏障，何由可转也？

三辅决录云："前队大夫范仲公，盐豉蒜果共一筒。""果"当作"魏颗"之"颗"。北土通呼物一块，改为一颗，"蒜颗"是俗间常语耳。故陈思王鹞雀赋曰："头如果蒜，目似擘椒。"又道经云："合口诵经声琐琐(五)，眼中泪出珠子碟(六)。"其字虽异，其音与义颇同。江南但呼为"蒜符"，不知谓为"颗"。学士相承，读为"裹结"之"裹"，言盐与蒜共一苞裹，内筒中耳。正史削繁音义又音"蒜颗"为苦戈反，皆失也。

有人访吾曰："魏志蒋济上书云'弊攰(七)之民'，是何字也？"余应之曰："意为'攰'即是'敂(八)倦'之'敂'耳。张揖、吕忱并云：'支傍作刀剑之刀，亦是剞字。'不知蒋氏自造'支'傍作'筋力'之'力'，或借'剞'字，终当音九伪反。"

晋中兴书："太山羊曼，常颓纵任侠，饮酒诞节，兖州号为'䵖(九)伯。'"此字皆无音训。梁孝元帝常谓吾曰："由来不识。唯张简宪见教，呼为'嚃(十)羹'之'嚃'。自尔便遵承之，亦不知所出。"简宪是湘州刺史张缵谥也，江南号为硕学。案：法盛世代殊近，当是耆老相传；俗间又有"䵖䵖"语，盖无所不施、无所不容之意也。顾野王玉篇误为"黑"傍"沓"。顾虽博物，犹出简宪、孝元之下，而二人皆云重边。吾所见数本，并无作“黑”者。“重沓”是多饶积厚之意，从“黑”更无义旨。

【注释】

（一）媢：mào，嫉妒。

（二）猥：鄙陋，下流。

（三）鲔：wěi，古书上指鲟鱼。

（四）奁：lián，古代女子梳妆用的镜匣，泛指精巧的小匣子。

（五）璅璅：suǒ suǒ，细碎繁杂。

（六）磥：kē，同“颗”。

（七）劾：guì，精疲力尽。

（八）鼓：guǐ。

（九）鞳：tà。

（十）嚃：tà，大口吃喝。

【原文】

古乐府歌词，先述三子，次及三妇，妇是对舅姑之称。其末章云：“丈人且安坐，调弦未遽[一]央。”古者，子妇供事舅姑，旦夕在侧，与儿女无异，故有此言。“丈人”亦长老之目，今世俗犹呼其祖考为先亡丈人。又疑“丈”当作“大”，北间风俗，妇呼舅为“大人公”。“丈”之与“大”，易为误耳。近代文士，颇作三妇诗，乃为匹嫡并耦己之群妻之意，又加郑、卫之辞，大雅君子，何其谬乎？

古乐府歌百里奚词曰：“百里奚，五羊皮。忆别时，烹伏雌，吹扊扅[二]；今日富贵忘我为！”“吹”当作炊煮之“炊”。案：蔡邕月令章句曰：“键，关牡也，所以止扉，或谓之剡移[三]。”然则当时贫困，并以门牡木作薪炊耳。声类作“扊”，又或作“扂[四]”。

通俗文，世间题云“河南服虔字子慎造”。虔既是汉人，其叙乃引苏林、张揖；苏、张皆是魏人。且郑玄以前，全不解反语，通俗反音，甚会近俗。阮孝绪又云“李虔所造”。河北此书，家藏一本，遂无作李虔者。晋中经簿及七志，并无其目，竟不得知谁制。然其文义允惬，实是高才。殷仲堪常用字训，亦引服虔俗说，今复无此书，未知即是通俗文，为当有异？近代或更有服虔乎？不能明也。

或问："山海经，夏禹及益所记，而有长沙、零陵、桂阳、诸暨，如此郡县不少，以为何也？"答曰："史之阙文，为日久矣；加复秦人灭学，董卓焚书，典籍错乱，非止于此。譬犹本草神农所述，而有豫章、朱崖、赵国、常山、奉高、真定、临淄、冯翊等郡县名，出诸药物；尔雅周公所作，而云'张仲孝友'；仲尼修春秋，而经书孔丘卒；世本左丘明所书，而有燕王喜、汉高祖；汲冢琐语，乃载秦望碑；苍颉篇李斯所造，而云'汉兼天下，海内并厕，豨(五)黥(六)韩覆，畔讨灭残'；列仙传刘向所造，而赞云"七十四人出佛经"；列女传亦向所造，其子歆又作颂，终于赵悼后，而传有更始韩夫人、明德马后及梁夫人嫕(七)：皆由后人所羼(八)，非本文也。"

或问曰："东宫旧事何以呼'鸱尾'为'祠尾'？"答曰："张敞者，吴人，不甚稽古，随宜记注，逐乡俗讹谬，造作书字耳。吴人呼'祠祀'为'鸱祀'，故以'祠'代'鸱'字；呼'绀(九)'为'禁'，故以'纟'傍作'禁'代'绀'字；呼'盏'为竹简反，故以'木'傍作'展'代'盏'字；呼'镬'字为'霍'字，故以'金'傍作'霍'代'镬(十)'字；又'金'傍作'患'为'镮(十一)'字，'木'傍作'鬼'为'魁'字，'火'傍作'庶'为'炙'字，'既'下作'毛'为'髻'字；金花则'金'傍作'华'，窗扇则'木'傍作'扇'：诸如此类，专辄不少。

又问："东宫旧事'六色罽緵(十二)'，是何等物？当作何音？"答曰："案：说文云：'莙(十三)，牛藻也，读若威。'音隐：'坞瑰反。'即陆机所谓'聚藻，叶如蓬'者也。又郭璞注三苍亦云：'蕴，藻之类也，细叶蓬茸生。'然今水中有此物，一节长数寸，细茸如丝，圆绕可爱，长者二三十节，犹呼为'莙'。又寸断五色丝，横着线股间绳之，以象莙草，用以饰物，即名为'莙'；于时当绁六色罽，作此莙以饰绲带，张敞因造'纟'旁'畏'耳，宜作'隈'。"

【注释】

（一）遽：jù，匆忙。

（二）扊扅：yǎn yí，门闩。

（三）刻移：门闩。
（四）店，diàn，门闩。
（五）豨：xī，陈豨，和后面的“韩”（即韩信）皆为汉朝大将。
（六）黥：qíng，古代一种刑法，在脸上刺上记号或文字并涂上墨。
（七）嫕：yì。
（八）羼：chàn，掺杂。
（九）绀：gàn，深青透红之色。
（十）镬：huò，大锅。
（十一）镮：huán，古同“环”，泛指圆形物。
（十二）罽缧：罽，用毛做成的毡子一类的东西；缧，五色丝饰。
（十三）莙：jūn。

【原文】

柏人城东北有一孤山，古书无载者。唯阚骃[一]十三州志以为舜纳于大麓，即谓此山，其上今犹有尧祠焉；世俗或呼为“宣务山”，或呼为“虚无山”，莫知所出。赵郡士族有李穆叔、季节兄弟、李普济，亦为学问，并不能定乡邑此山。余尝为赵州佐，共太原王邵读柏人城西门内碑。碑是汉桓帝时柏人县民为县令徐整所立，铭曰：“山有巏嵍[二]，王乔所仙。”方知此巏嵍山也。“巏”字遂无所出。“嵍”字依诸字书，即“旄丘[三]”之“旄”也；“旄”字，字林一音亡付反，今依附俗名，当音“权务”耳。入邺，为魏收说之，收大嘉叹。值其为赵州庄严寺碑铭，因云“权务之精”，即用此也。

或问：“一夜何故五更？更何所训？”答曰：“汉、魏以来，谓为甲夜、乙夜、丙夜、丁夜、戊夜，又云‘鼓’，一鼓、二鼓、三鼓、四鼓、五鼓，亦云一更、二更、三更、四更、五更，皆以‘五’为节。西都赋亦云：‘卫以严更之署。’所以尔者，假令正月建寅，斗柄夕则指寅，晓则指午矣；自寅至午，凡历五辰。冬夏之月，虽复长短参差，然辰间辽阔，盈不过六，缩不至四，进退常在五者之间。更，历也，经也，故曰五更尔。”

尔雅云：“术，山蓟[四]也。”郭璞注云：“今术似蓟而生山中。”案：术叶其体似蓟，近世文士，遂读“蓟”为“筋肉”之“筋”，以耦“地骨”用之，恐失其义。

或问："俗名'傀儡子'为'郭秃'，有故实乎？"答曰："风俗通云：'诸郭皆讳秃。'当是前代人有姓郭而病秃者，滑稽戏调，故后人为其象，呼为'郭秃'，犹文康象庾亮耳。"

或问曰："何故名'治狱参军'为'长流'乎？"答曰："帝王世纪云：'帝少昊崩，其神降于长流之山，于祀主秋。'案：周礼秋官，司寇主刑罚、长流之职，汉、魏捕贼掾耳。晋、宋以来，始为参军，上属司寇，故取秋帝所居为嘉名焉。"

客有难主人曰："今之经典，子皆谓非，说文所言，子皆云是，然则许慎胜孔子乎？"主人拊掌大笑，应之曰："今之经典，皆孔子手迹耶？"客曰："今之说文，皆许慎手迹乎？"答曰："许慎检以六文，贯以部分，使不得误，误则觉之。孔子存其义而不论其文也。先儒尚得改文从意，何况书写流传耶？必如左传'止戈'为'武'，'反正'为'乏'，'皿虫'为'蛊'，'亥'有'二首六身'之类，后人自不得辄改也，安敢以说文校其是非哉？且余亦不专以说文为是也，其有援引经传，与今乖者，未之敢从。又相如封禅书曰：'导一茎六穗于庖，牺双觡（五）共抵之兽。'此'导'训'择'，光武诏云：'非徒有豫养导择之劳'是也。而说文云：'导是禾名。'引封禅书为证；无妨自当有禾名导，非相如所用也。'禾一茎六穗于庖'，岂成文乎？纵使相如天才鄙拙，强为此语；则下句当云'麟双觡共抵之兽'，不得云'牺'也。吾尝笑许纯儒，不达文章之体，如此之流，不足凭信。大抵服其为书，隐括有条例，剖析穷根源，郑玄注书，往往引以为证；若不信其说，则冥冥不知一点一画，有何意焉？"

世间小学者，不通古今，必依小篆，是正书记；凡尔雅、三苍、说文，岂能悉得苍颉本指哉？亦是随代损益，互有同异。西晋已往字书，何可全非？但令体例成就，不为专辄耳。考校是非，特须消息。至如"仲尼居"，三字之中，两字非体，三苍"尼"旁益"丘"，说文"尸"下施"几"：如此之类，何由可从？古无二字，又多假借，以"中"为"仲"，以"说"为"悦"，以"召"为"邵"，以"间"为"闲"：如此之徒，亦不劳改。自有讹谬，过成鄙俗，"乱"旁为"舌"，"揖"下无"耳"，"鼋""鼍"从"龟"，"奮""奪"从"雚"，"席"中加"带"，"恶"上安"西"，"鼓"外设"皮"，"鑿"头生"毁"，"离"则配"禹"，"壑"乃施"豁"，"巫"混"经"旁，"皋"分"泽"片，"猎"化为"獦"，"宠"变成"寵"，"业"左益"片"，"灵"底着"器"，"率"字自有"律"音，强改为别；

“单”字自有“善”音，辄析成异：如此之类，不可不治。吾昔初看说文，蚩薄[六]世字，从正则惧人不识，随俗则意嫌其非，略是不得下笔也。所见渐广，更知通变，救前之执，将欲半焉。若文章著述，犹择微相影响者行之，官曹文书，世间尺牍，幸不违俗也。

案：弥亘字从二间舟，诗云：“亘之秬秠”是也。今之隶书，转“舟”为“日”；而何法盛中兴书乃以“舟”在“二”间为舟“航”字，谬也。春秋说以“人十四心”为德，诗说以“二在天下”为“酉”，汉书以“货泉”为“白水真人”，新论以“金昆”为“银”，国志以“天上有口”为“吴”，晋书以“黄头小人”为“恭”，宋书以“召刀”为“邵”，参同契以“人负告”为“造”：如此之例，盖数术谬语，假借依附，杂以戏笑耳。如犹转“贡”字为“项”，以“叱”为“匕”，安可用此定文字音读乎？潘、陆诸子离合诗、赋、栻卜、破字经，及鲍昭谜字，皆取会流俗，不足以形声论之也。

河间邢芳语吾云：“贾谊传云：‘日中必熭。’注：‘熭[七]，暴也。’曾见人解云：‘此是暴疾之意，正言日中不须臾，卒然便昃[八]耳。’此释为当乎？”吾谓邢曰：“此语本出太公六韬，案字书，古者‘暴晒’字与‘暴[九]疾’字相似，唯下少异，后人专辄加傍日耳。言日中时，必须曝晒，不尔者，失其时也。晋灼已有详释。”芳笑服而退。

【注释】

（一）骃：yīn。

（二）巏嵍：quán wù，山名，在今河北隆尧西。

（三）旄丘，前高后低的山丘。

（四）蓟：jì，多年生草本植物，可入药。

（五）觡：gé，骨角。

（六）蚩薄：讥嘲鄙薄。

（七）熭：wèi，曝晒。

（八）昃：zè，太阳偏西。

（九）暴：bào，古同“暴”。

【今解】

105. 平衡读书与怀疑

"客有难主人曰：'今之经典，子皆谓非，《说文》所言，子皆云是，然则许慎胜孔子乎？'主人拊掌大笑，应之曰：'今之经典，皆孔子手迹耶？'客曰：'今之《说文》，皆许慎手迹乎？'答曰：'许慎检以六文，贯以部分，使不得误，误则觉之。孔子存其义而不论其文也。先儒尚得改文从意，何况书写流传耶？……'"

——颜之推《颜氏家训·书证》

在"书证"篇中，颜之推对经、史、子、集中一些字词章句的音义做了零星的考证，所涉及的点很多，但没有对某部经典进行系统的考校，而是通过对这些字词的考证，向子孙传达做学问要广博深刻的道理。

颜之推是读书人，他将读书、做学问的经验传授给自己的子孙，希望他们能够在读书问题上不要人云亦云，不要浅尝辄止，要勇于怀疑，要潜心探索，当然也要说出自己的道理，不是为了反对而反对，不是为了哗众取宠而标新立异，反驳别人要有根据。

在这个过程中，他也向子孙呈现了别人对他的责难。有人问他："今天大家认为的经典你都觉得不对，而《说文解字》中的解释你认为都是对的，难道许慎比孔子强？"颜之推笑着回答："今天流传的经典都是孔子手写的吗？"这个人追问："难道《说文解字》是许慎的手迹？"颜之推答道："许慎的《说文解字》是按照构造字的六种方法来分析字形、解释字义，再以部首为体例编排全书，使文字的形、音、义都没有错误，一旦有错就会发现错在哪里。孔子的著作只保留文字的意思，而不考证文字，前辈学者甚至会改动经典中的文字来适应文意，何况是通过书写流传后世的作品呢？"

在颜之推生活的时代，书籍多是通过人工抄写而成，因誊写而造成的讹误不在少数，再加上历代学者不断按照自己的理解去解释它们，人为造成的误差更多。因此，颜之推在这里通过举例的方式告诉子孙一定要博览群书，这样能发现不同学者对同一部经典理解的差异，并在此基础上展开独立探究和思考，避免人云亦云。

今天，知识的生产与传播速度很快，海量的知识中也掺杂了不少谬误，因此，无论是文史知识、科学知识还是健康常识都需要我们加以留心，否则就容易被误导。在学习家庭教育观念与知识时，家长要多问为什么，如“自由”“天性”等词，在教育学和心理学中的含义与我们日常所理解的含义有一定的差别，家长切不可望文生义，否则很容易在教育孩子的实践中走极端。同时，家长应引导孩子学习知识时要谨慎，不可尽信书。

卷 第 七

十八、"音辞"篇

【原文】

夫九州之人，言语不同，生民已来，固常然矣。自春秋标齐言之传，离骚目楚词之经，此盖其较明之初也。后有扬雄著方言，其言大备。然皆考名物之同异，不显声读之是非也。逮郑玄注"六经"，高诱解吕览、淮南，许慎造说文，刘熹制释名，始有譬况(一)假借以证音字耳。而古语与今殊别，其间轻重清浊，犹未可晓；加以内言外言、急言徐言、读若之类，益使人疑。孙叔言创尔雅音义，是汉末人独知反语。至于魏世，此事大行。高贵乡公不解反语，以为怪异。自兹厥后，音韵锋出，各有土风，递相(二)非笑，指马之谕，未知孰是。共以帝王都邑，参校方俗，考覈古今，为之折衷(三)。搉(四)而量之，独金陵与洛下耳。南方水土和柔，其音清举而切诣，失在浮浅，其辞多鄙俗。北方山川深厚，其音沉浊而鈋钝(五)，得其质直，其辞多古语。然冠冕君子，南方为优；闾里小人，北方为愈。易服而与之谈，南方士庶，数言可辩；隔垣(六)而听其语，北方朝野，终日难分。而南染吴、越，北杂夷虏，皆有深弊，不可具论。其谬失轻微者，则南人以"钱"为"涎"，以"石"为"射"，以"贱"为"羡"，以"是"为"舐"；北人以"庶"为"戍"，以"如"为"儒"，以"紫"为"姊"，以"洽"为"狎"。如此之例，两失甚多。至邺已来，唯见崔子约、崔瞻叔侄，李祖仁、李蔚兄弟，颇事言词，少为切正。李季节著音韵决疑，时有错失；阳休之造切韵，殊为疏野。吾家儿女，虽在孩稚，便渐督正之；一言讹替(七)，以为己罪矣。云为品物，未考书记者，不敢辄名，汝曹所知也。

古今言语，时俗不同；著述之人，楚、夏各异。苍颉训诂，反"稗"为

“逋卖”，反“娃”为“於乖”；战国策音“刎”为“免”，穆天子传音“谏”为“间”；说文音“戛”为“棘”，读“皿”为“猛”；字林音“看”为“口甘反”，音“伸”为“辛”；韵集以成、仍、宏、登合成两韵，为、奇、益、石分作四章；李登声类以“系”音“羿”，刘昌宗周官音读“乘”若“承”；此例甚广，必须考校。前世反语，又多不切，徐仙民毛诗音反“骤”为“在遘”，左传音切“椽”为“徒缘”，不可依信，亦为众矣。今之学士，语亦不正；古独何人，必应随其讹僻乎？通俗文曰：“入室求曰搜。”反为“兄侯”。然则“兄”当音“所荣反”。今北俗通行此音，亦古语之不可用者。玙璠，鲁人宝玉，当音“余烦”，江南皆音“藩屏”之“藩”。“岐”山当音为“奇”，江南皆呼为“神祇”之“祇”。江陵陷没，此音被于关中，不知二者何所承案。以吾浅学，未之前闻也。

北人之音，多以“举”“莒”为“矩”；唯李季节云：“齐桓公与管仲于台上谋伐莒，东郭牙望见桓公口开而不闭，故知所言者莒也。然则莒、矩必不同呼。”此为知音矣。

夫物体自有精粗，精粗谓之好恶；人心有所去取，去取谓之好恶。此音见于葛洪、徐邈。而河北学士读尚书云好生恶杀。是为一论物体，一就人情，殊不通矣。

甫者，男子之美称，古书多假借为“父”字；北人遂无一人呼为“甫”者，亦所未喻。唯管仲、范增之号，须依字读耳。

案：诸字书，焉者鸟名，或云语词，皆音“于愆反”。自葛洪要用字苑分焉字音训：若训“何”训“安”，当音“于愆反”“于焉逍遥”“于焉嘉客”“焉用佞”“焉得仁”之类是也；若送句及助词，当音矣愆反，“故称龙焉”“故称血焉”“有民人焉”“有社稷焉”“托始焉尔”“晋、郑焉依”之类是也。江南至今行此分别，昭然易晓；而河北混同一音，虽依古读，不可行于今也。

邪者，未定之词。左传曰：“不知天之弃鲁邪？抑鲁君有罪于鬼神邪？”庄子云：“天邪地邪？”汉书云：“是邪非邪？”之类是也。而北人即呼为也，亦为误矣。难者曰：“系辞云：‘乾坤，易之门户邪？’此又为未定辞乎？”答曰：“何为不尔！上先标问，下方列德以折之耳。”

江南学士读左传，口相传述，自为凡例，军自败曰“败”，打破人军曰“败”。诸记传未见“补败反”，徐仙民读左传，唯一处有此音，又不言自败、败人之别，此为穿凿[八]耳。

古人云："膏粱(九)难整。"以其为骄奢自足，不能克励也。吾见王侯外戚，语多不正，亦由内染贱保傅、外无良师友故耳。梁世有一侯，尝对元帝饮谑，自陈"痴钝"，乃成"飔(十)段"，元帝答之云："飔异凉风，段非干木。"谓"郢州"为"永州"，元帝启报简文，简文云："庚辰吴人，遂成司隶。"如此之类，举口皆然。元帝手教诸子侍读，以此为诫。

河北切"攻"字为"古琮"，与"工""公""功"三字不同，殊为僻也。比世有人名暹(十一)，自称为"纤"；名琨，自称为"衮"；名洸，自称为"汪"；名㹠，自称为"獡"。非唯音韵舛错(十二)，亦使其儿孙避讳纷纭矣。

【注释】

（一）譬况：用近似的事物来比照说明。

（二）递相：互相。

（三）折衷：同"折中"，调和太过与不及，使之得当合理。

（四）搉：què，同"榷"，商讨。

（五）钝钝：浑厚，不尖锐。

（六）垣：yuán，矮墙。

（七）讹替：差误。

（八）穿凿：勉强解释，牵强附会。

（九）膏粱：肥肉和细粮。指精美的衣食。借指富贵人家的子弟。

（十）飔：sī，凉风。

（十一）暹：xiān。

（十二）舛错：舛，chuǎn。差错。

【今解】

106. 平衡普通话与方言

"南方水土和柔，其音清举而切诣，失在浮浅，其辞多鄙俗。北方山川深厚，其音沉浊而钝钝，得其质直，其辞多古语。然冠冕君子，南方为优；闾里小人，北方为愈。易服而与之谈，南方士庶，数言可辩；隔垣而听其语，北方朝野，终日难分。而南染吴、越，北杂夷虏，皆有深弊，不可具论。……吾家儿女，虽在孩稚，便渐督正之；一言讹替，以为己罪矣。云为品物，未考书记者，不敢辄名，汝曹所知也。……古人云：‘膏粱难整。’以其为骄奢自足，不能克励也。吾见王侯外戚，语多不正，亦由内染贱保傅、外无良师友故耳。”

——颜之推《颜氏家训·音辞》

这里颜之推和子孙讨论了方言的差别以及字词的发音问题，颜之推重视这个问题出于两个原因：一是发音如果出现问题就会影响诗词歌赋的创作，甚至会在伦理道德上出现不能准确避讳的问题；二是发音能区分社会阶层，不同阶层人的发音有着不同特点。

颜之推为什么对方言和发音有独到的研究？这是因为他在南朝和北朝都做过官，对南北方的方言都有感悟，如他一开始就会从南北方的地理面貌来分析方言的发音特点：南方多水，温润和柔，因此南方人发音清脆悠扬；北方多高山大河，厚重深沉，因此北方人发音质朴劲直。

然后，他举出一些具体的例子，向子孙说明一些字在不同方言中的读法，同时指出当时的一些文人编写的图书中出现的谬误。

颜之推认为孩子发音不准确是因为家人的疏忽，父母必须在孩子小的时候就给他们正音。他也指出了一些富家子弟从小没有得到很好的教养，主要是因为他们养尊处优，不能严格要求自己，不能时时克制自己，再加上身边的保姆、仆人较多使用方言，在外也没能请好教师辅导教习。

古代人重视发音主要出于做学问与生活中避讳的要求，同时准确的发音也体现了他们的社会地位。今天，我们一方面推广普通话，让不同地域的人与人之间的交流没有障碍，同时保护方言，鼓励人们学习方言，传承地方文化。研究表明，方言的学习和普通话的学习不仅不会发生冲突，而且可以相得益彰。因此，父母在教育孩子的过程中需要注意普通话与方言的平衡，让孩子从小多接受不同语言的刺激，使其具有一定的语言敏感性。同时，学习不同方言也能够让地方文化得以保存与传播。因此，推广普通话是为了交流沟通，学习方言是为了保存地域文化，二者都应得到重视。

一些家长，特别是年轻父母担心孩子说不好普通话，影响孩子在校学习，会忌讳老人教孩子说方言。其实，这大可不必，孩子只要能够接受正规学校的普通话教学，其语言潜力很大，只会对语言更敏感，并能同步学好普通话与方言。

十九、“杂艺”篇

【原文】

真草（一）书迹，微须留意。江南谚云：“尺牍书疏，千里面目也。”承晋、宋余俗，相与事之，故无顿（二）狼狈（三）者。吾幼承门业，加性爱重，所见法书亦多，而玩习功夫颇至，遂不能佳者，良由无分故也。然而此艺不须过精。夫巧者劳而智者忧，常为人所役使，更觉为累；韦仲将遗戒，深有以也。

王逸少风流才士，萧散（四）名人，举世惟知其书，翻以能自蔽也。萧子云每叹曰：“吾著齐书，勒成一典，文章弘义，自谓可观；唯以笔迹得名，亦异事也。”王褒地胄（五）清华，才学优敏，后虽入关，亦被礼遇。犹以书工，崎岖（六）碑碣之间，辛苦笔砚之役，尝悔恨曰：“假使吾不知书，可不至今日邪？”以此观之，慎勿以书自命。虽然，厮猥（七）之人，以能书拔擢（八）者多矣。故道不同不相为谋也。

梁氏秘阁散逸以来，吾见二王真草多矣，家中尝得十卷；方知陶隐居、阮交州、萧祭酒诸书，莫不得羲之之体，故是书之渊源。萧晚节所变，乃右军年少时法也。

晋、宋以来，多能书者。故其时俗，递相染尚，所有部帙（九），楷正可观，不无俗字，非为大损。至梁天监之间，斯风未变；大同之末，讹替滋生。萧子云改易字体，邵陵王颇行伪字；朝野翕然，以为楷式，画虎不成，多所伤败。至为一字，唯见数点，或妄斟酌，逐便转移。尔后坟籍，略不可看。北朝丧乱之余，书迹鄙陋（十），加以专辄造字，猥拙（十一）甚于江南。乃以“百”“念”为“忧”，“言”“反”为“变”，“不”“用”为“罢”，“追”“来”为“归”，“更”“生”为“苏”，“先”“人”为“老”，如此非一，遍满经传。唯有姚元标工于楷隶，留心小学，后生师之者众。洎于齐末，秘书缮写，贤于往日多矣。

江南闾里间有画书赋，乃陶隐居弟子杜道士所为；其人未甚识字，轻为轨则（十二），托名贵师，世俗传信，后生颇为所误也。

画绘之工，亦为妙矣；自古名士，多或能之。吾家尝有梁元帝手画蝉雀白团扇及马图，亦难及也。武烈太子偏能写真，坐上宾客，随宜（十三）点染，即成数人，以问童孺，皆知姓名矣。萧贲、刘孝先、刘灵，并文学已外，复佳此法。玩阅古今，特可宝爱。若官未通显，每被公私使令，亦为猥役（十四）。吴县顾士端出身湘东王国侍郎，后为镇南府刑狱参军，有子曰庭，西朝中书舍人，父子并有琴书之艺，尤妙丹青，常被元帝所使，每怀羞恨。彭城刘岳，橐之子也，仕为骠骑府管记、平氏县令，才学快士，而画绝伦。后随武陵王入蜀，下牢之败，遂为陆护军画支江寺壁，与诸工巧杂处。向使三贤都不晓画，直运素业，岂见此耻乎？

弧矢（十五）之利，以威天下，先王所以观德择贤，亦济身之急务也。江南谓世之常射，以为兵射，冠冕儒生，多不习此；别有博射，弱弓长箭，施于准的，揖让升降，以行礼焉。防御寇难（十六），了无所益。乱离之后，此术遂亡。河北文士，率晓兵射，非直葛洪一箭，已解追兵，三九宴集，常縻（十七）荣赐。虽然，要（十八）轻禽，截狡兽，不愿汝辈为之。

【注释】

（一）真草：真书和草书。

（二）顿：忽然，立刻，一下子。

（三）狼狈：尴尬，窘迫。

（四）萧散：形容举止、神情、风格等自然，不拘束。

（五）地胄：南北朝时，称世家豪门为地胄。后亦泛指门第。

（六）崎岖：山路艰险峻峭，高低不平。这里指艰辛奔波。

（七）厮猥：地位卑微。

（八）拔擢：提拔，升用。

（九）部帙：书籍的部次卷帙，指书籍。

（十）鄙陋：丑陋。

（十一）猥拙：拙劣。

（十二）轨则：规范法则。

（十三）随宜：随意，不经意。

（十四）猥役：杂役。

（十五）弧矢：弓箭。

（十六）寇难：谓由内乱外患造成的灾难。亦指蒙受敌人侵犯之难。

（十七）縻：mí，捆，拴，指获得。

（十八）要：古同“邀”，中途拦截。

【今解】

107. 平衡“道”与“术”

“真草书迹，微须留意。江南谚云：‘尺牍书疏，千里面目也。’……然而此艺不须过精。夫巧者劳而智者忧，常为人所役使，更觉为累；韦仲将遗戒，深有以也。……以此观之，慎勿以书自命。虽然，厮猥之人，以能书拔擢者多矣。故道不同不相为谋也。……向使三贤都不晓画，直运素业，岂见此耻乎？”

——颜之推《颜氏家训·杂艺》

在“杂艺”篇中，颜之推首先谈了自己对书法的看法，并举了一些例子佐证自己的观点。颜之推认为需要学习书法，但是不需要学得太精，因为书法毕竟是技艺，如果一个人只是因为书法而得名，就会为此而累。这里选取他的几个观点进行讨论分析。

首先是“字如其人”，颜之推引导子孙要关注不同书法的微妙变化，他告诉子孙：别人看到你的字，你的态度、个性以及学养都呈现在他的面前。

其次，颜之推告诉子孙不要在书法上过于精益求精，因为一个人精通书法，必然会招来更多的事务，这样会让人更加劳累，这也包含了“物极必反”的道理。韦仲将告诫子孙不要专攻书法，说的也是这个道理。

再次，颜之推告诫那些立志读书的儒生：不要把太多的精力花在练书法上，因为它会让人们只会看字的外表而忽视了所写内容的价值。例如，王羲之因为书法精妙而被人们忽视他的其他才能；萧子云的书法被世人称道，他所写的文章大义却被人忽略，这让他本人都很郁闷；饱读诗书、才思敏捷的王褒入关后，因为工于书法被迫到处写字，奔波于碑碣之间。颜之推感慨：照这样看，子孙们千万不要因精通书法而自命不凡，虽然确实有一些地位低下的人因为书法好而得到提拔，这是道不同不相为谋啊！

随后，他又举了吴县的顾士端、顾庭父子和彭城的刘岳的例子，这三人因为在书法和绘画上有独特之处，常被皇帝召唤入宫绘画写字，甚至被指派到寺庙和画工们一起画壁画。颜之推认为，这对于士族阶层来说是一种耻辱，因为他们认为自己的价值是管理国家，而不是取悦别人。

当然，颜之推是站在他所处的时代背景和社会阶层看待书法的价值的，其观点反映了他对治国安邦的“道”、不被驱使的士人尊严比博取功名的“术”更为看重。当今社会，人们的价值观变得多元，每个人都可以选择在某个领域做出自己的成就，但在学习中勿舍本逐末，以“术”损“道”。

【原文】

卜筮者，圣人之业也；但近世无复佳师，多不能中。古者，卜以决疑，今人生疑于卜，何者？守道信谋，欲行一事，卜得恶卦，反令忧忧[一]，此之谓乎！且十中六七，以为上手，粗知大意，又不委曲[二]。凡射奇偶，自然半收，何足赖也。世传云：“解阴阳者，为鬼所嫉，坎壈[三]贫穷，多不称泰。”吾观近古以来，尤精妙者，唯京房、管辂、郭璞耳，皆无官位，多或罹灾，此言令人益信。傥值世网严密，强负此名，便有诖误，亦祸源也。及星文风气，率不劳为之。吾尝学六壬式，亦值世间好匠，聚得龙首、金匮、玉軨变、玉历十许种书，讨求无验，寻亦悔罢。凡阴阳之术，与天地俱生，亦吉凶德刑，不可不信；但去圣既远，世传术书，皆出流俗，言辞鄙浅，验少妄多。至如反支[四]不行，竟以遇害；归忌寄宿，不免凶终：拘而多忌，亦无益也。

算术亦是六艺要事；自古儒士论天道、定律历者，皆学通之。然可以兼明，不可以专业。江南此学殊少，唯范阳祖暅精之，位至南康太守。河北多晓此术。

医方之事，取妙极难，不劝汝曹以自命也。微解药性，小小和合[五]，居家得以救急，亦为胜事，皇甫谧、殷仲堪则其人也。

礼曰："君子无故不彻琴瑟。"古来名士，多所爱好。洎于梁初，衣冠子孙，不知琴者，号有所阙；大同以末，斯风顿尽。然而此乐愔愔（六）雅致，有深味哉！今世曲解，虽变于古，犹足以畅神情也。唯不可令有称誉，见役勋贵（七），处之下坐，以取残杯冷炙之辱。戴安道犹遭之，况尔曹乎！

【注释】

（一）忧忧：chì chì，忧惧不安的样子。

（二）委曲：事情的原委。这里指详细。

（三）坎壈：kǎn lǎn，困顿，不顺利。

（四）反支：古术数星命之说，以反支日为禁忌之日。

（五）小小和合：小小，稍稍；和合，调合，这里是配药方的意思。

（六）愔愔：yīn yīn，和悦安舒的样子。

（七）勋贵：功臣及贵族。

【今解】

108. 平衡顺境与逆境

"古者，卜以决疑，今人生疑于卜，何者？守道信谋，欲行一事，卜得恶卦，反令忧忧，此之谓乎！且十中六七，以为上手，粗知大意，又不委曲。凡射奇偶，自然半收，何足赖也。……凡阴阳之术，与天地俱生，亦吉凶德刑，不可不信；但去圣既远，世传术书，皆出流俗，言辞鄙浅，验少妄多。"

——颜之推《颜氏家训·杂艺》

颜之推将占卜看成杂艺，他认为古人卜筮是为了解决疑惑，而今人（颜之推那个时代的人）卜筮反而增加了疑惑，这是什么原因呢？在颜之推看来，那些遵守道德、认真谋划一件事的人，却因为得到一个凶卦，开始惴惴不安，这可能就是颜之推认为的他们那个时代的人卜卦不仅没能让自己得到安宁，反而招来烦恼的原因。

在现代社会，父母应告诉子女，要想对自己的人生有一定的把握，就必须走正道，追求真善美，同时让子女明白人生不可能一帆风顺，有风和日丽，也有狂风暴雨，只要不偏离正道，暂时的得失只会增加生命的精彩，遇到困难时要学会泰然自处。

人生不顺，十有八九。在做事、成事的过程中，颇多阻碍，这本是人世常理。但人们同时还有探寻规律、避免失败的本能与冲动，这也就有了各种预测与归纳的学问与方法。

在达成目标的过程中，有快有慢，有顺境有逆境，有前进有徘徊，这是短时间内或一段时间内的成败判断，如果人们遇到困难就放弃，那称之为失败。如果遇到挫折，不轻易放弃，在更长的时间内或人生长河中，坚持不懈，终成顺境。

对待顺境与逆境，家长教育孩子要放眼看、长思量。如孩子高考可能没能考出好分数，进入好学校，这是挫败、逆境，但是如果家长教导孩子永不放弃，围绕目标终生奋斗，成功就可遇、可求。

因此，家长与其在一事一时上纠结是否能够求得成功，不如引导孩子树立长远目标，并终生追求。有了长远目标的指引，眼下的沟坎便容易跨越。

【原文】

家语曰："君子不博，为其兼行恶道故也。"论语云："不有博弈者乎？为之，犹贤乎已。"然则圣人不用博弈为教，但以学者不可常精，有时疲倦，则傥为之，犹胜饱食昏睡、兀然端坐耳。至如吴太子以为无益，命韦昭论之；王肃、葛洪、陶侃之徒，不许目观手执，此并勤笃之志也。能尔为佳。古为大博则六箸，小博则二茕(一)，今无晓者。比世所行，一茕十二棋，数术浅短，不足可玩。围棋有手谈、坐隐之目，颇为雅戏；但令人耽愦，废丧实多，不可常也。

投壶之礼，近世愈精。古者，实以小豆，为其矢之跃也。今则唯欲其骁(二)，益多益喜，乃有倚竿、带剑、狼壶、豹尾、龙首之名。其尤妙者，有莲花骁。汝南周璝，弘正之子，会稽贺徽，贺革之子，并能一箭四十余骁。贺又尝为小障，置壶其外，隔障投之，无所失也。至邺以来，亦见广宁、兰陵诸王，有此校具，举国遂无投得一骁者。弹棋亦近世雅戏，消愁释愦（三），时可为之。

【注释】

（一）䓖：qióng，骰子。

（二）骁：xiāo，古代投壶游戏，箭从壶中跳出，用手接住再投，屡投屡跃，箭不坠地，称为“骁”。

（三）愦：kuì，昏乱，糊涂。

【今解】

109. 平衡主业与娱乐

“《家语》曰：‘君子不博，为其兼行恶道故也。’《论语》云：‘不有博弈者乎？为之，犹贤乎已。’然则圣人不用博弈为教，但以学者不可常精，有时疲倦，则傥为之，犹胜饱食昏睡、兀然端坐耳。……围棋有手谈、坐隐之目，颇为雅戏；但令人耽愦，废丧实多，不可常也。”

——颜之推《颜氏家训·杂艺》

中国古代文人把读圣贤书作为正业，将棋琴书画等看作杂艺。这些杂艺如果能帮助君子修身养性，促进君子做人、做学问，帮助君子管理国家，那么学这些杂艺就会被鼓励；如果对正业有影响，那么就会被认为是玩物丧志。因此，颜之推将书法、绘画、射箭、算术、占卜、医药等归入杂艺，除了占卜要求子孙不要去学，其他都要求子孙懂一些，但不要太精，因为在一件事情上做到太精，就必然需要耗费许多精力。

在这里，颜之推谈了对围棋的看法，开门见山引用圣人的话，《孔子家语》里说：“君子不参与博戏，这是因为它会使人走入邪道。”不过，孔子也认为如果终日无所事事，吃吃喝喝，还不如玩下棋之类的游戏呢。

围棋在魏晋南北朝时期盛行，特别受到士族阶层的喜爱，“手谈”和“坐隐”都指围棋。颜之推认为，圣人不是不鼓励人下棋，只是不把博戏、围棋作为施教手段。颜之推认为围棋容易使人沉溺其中，耽误工夫，荒废学业与正事，因此不能常玩。

时代发展到今天，人们的人生取向越来越多元，“三百六十行，行行出状元”。因此，我们不能再用一种价值去否定另一种价值。比如，玩游戏、下棋对一些人来说可以调节生活、放松身心，那么就需要控制时间，避免沉迷；对另一些人来说可以作为终生从事的事业，那么就要心无旁骛，执着修炼。家长需要引导孩子，如果不准备将游戏、围棋作为终身从事的事业，那就要适可而止，不要本末倒置。

特别是在电子游戏风靡的今天，我们更要区分事业与娱乐。很多家长在与孩子讨论游戏时，常被孩子的“道理”“噎”住：打游戏可以锻炼能力，还可以成为职业。孩子说得没错，确实有人把游戏当职业，如游戏开发、游戏测试、职业电竞等，但不是以娱乐之法谈职业，那只是为自己的娱乐不节制找借口而已。真正的职业游戏者也是有专业、有训练、有成长路径的，莫把娱乐当职业。

二十、“终制”篇

【原文】

死者，人之常分，不可免也。吾年十九，值梁家丧乱，其间与白刃为伍者，亦常数辈[一]；幸承余福，得至于今。古人云：“五十不为夭[二]。”吾已六十余，故心坦然，不以残年为念。先有风气之疾，常疑奄然[三]，聊书素怀[四]，以为汝诫。

先君先夫人皆未还建邺旧山，旅葬江陵东郭。承圣末，已启求扬都，欲营迁厝[五]。蒙诏赐银百两，已于扬州小郊北地烧砖，便值本朝沦没，流离如此，数十年间，绝于还望。今虽混一，家道罄穷，何由办此奉营资费？且扬都污毁，无复孑遗，还被下湿，未为得计。自咎自责，贯心刻髓。计吾兄弟，不当仕进；但以门衰，骨肉单弱，五服之内，傍无一人，播越他乡，无复资荫；使汝等沉沦厮役，以为先世之耻；故腼冒（六）人间，不敢坠失。兼以北方政教严切，全无隐退者故也。

今年老疾侵，傥然奄忽，岂求备礼乎？一日放臂（七），沐浴而已，不劳复魄，殓以常衣。先夫人弃背（八）之时，属世荒馑，家涂空迫，兄弟幼弱，棺器率薄，藏内无砖。吾当松棺二寸，衣帽已外，一不得自随，床上唯施七星板；至如蜡弩牙、玉豚、锡人之属，并须停省，粮罂明器（九），故不得营，碑志旒旐（十），弥在言外。载以鳖甲车，衬土而下，平地无坟；若惧拜扫不知兆域（十一），当筑一堵低墙于左右前后，随为私记耳。灵筵勿设枕几，朔望祥禫（十二），唯下白粥清水干枣，不得有酒肉饼果之祭。亲友来餟酹（十三）者，一皆拒之。汝曹若违吾心，有加先妣（十四），则陷父不孝，在汝安乎？其内典功德，随力所至，勿刳（十五）竭生资，使冻馁也。四时祭祀，周、孔所教，欲人勿死其亲，不忘孝道也。求诸内典，则无益焉。杀生为之，翻增罪累。若报罔极（十六）之德，霜露之悲，有时斋供，及七月半盂兰盆，望于汝也。

孔子之葬亲也，云："古者，墓而不坟。丘东西南北之人也，不可以弗识也。"于是封之崇四尺。然则君子应世行道，亦有不守坟墓之时，况为事际（十七）所逼也！吾今羁旅，身若浮云，竟未知何乡是吾葬地；唯当气绝便埋之耳。汝曹宜以传业扬名为务，不可顾恋朽壤（十八），以取堙没（十九）也。

【注释】

（一）数辈：数次。

（二）夭：未成年的人死去，这里指早死。

（三）奄然：奄忽，指死亡。

（四）素怀：平生的抱负，本心。

（五）迁厝：迁葬。

（六）腼冒：羞惭冒昧，这里指厚着脸皮接受。

（七）放臂：指人死亡。

（八）弃背：死亡的委婉说法，多用于尊亲。

（九）明器：古代陪葬的器物。

（十）旒旐：liú zhào，铭旌。
（十一）兆域：墓地四周的疆界，亦以称墓地。
（十二）祥禫：丧祭名。
（十三）酹：lèi，以酒浇地，表示祭奠。
（十四）先妣：xiān bǐ，称已故的母亲。
（十五）刳：kū，挖空。
（十六）罔极：指人子对父母的无穷哀思。
（十七）事际：形势。
（十八）朽壤：腐土，这里指坟地。
（十九）堙没：埋没。

【今解】

110. 平衡孝亲与发展

"汝曹若违吾心，有加先妣，则陷父不孝，在汝安乎？其内典功德，随力所至，勿刳竭生资，使冻馁也。四时祭祀，周、孔所教，欲人勿死其亲，不忘孝道也。求诸内典，则无益焉。杀生为之，翻增罪累。若报罔极之德，霜露之悲，有时斋供，及七月半盂兰盆，望于汝也。……吾今羁旅，身若浮云，竟未知何乡是吾葬地；唯当气绝便埋之耳。汝曹宜以传业扬名为务，不可顾恋朽壤，以取堙没也。"

——颜之推《颜氏家训·终制》

"终制"篇是颜之推交代自己后事的文字，现在称为"遗嘱"。该篇充分体现了颜之推的人生价值观。

颜之推生在乱世，成长也是在家道中落时期，他的一生到处奔波，在刀尖上走了一辈子，因此他对人生豁达、谨慎的态度也体现在告诫子孙的遗嘱中。

首先，他回忆了自己的家族史，他的母亲去世时因为家境窘迫，没有什么陪葬品，因此他希望自己去世的时候，子孙也不要大操大办丧事，不要置办特别的衣物鞋帽，用平常的衣服就行；不要贵重的陪葬品；不要写墓志铭；不要垒高坟，如果担心日后祭扫找不到，可以在四周砌一圈矮墙，中间插个标志；祭奠时不要铺张浪费，每逢初一、十五供奉白粥、清水、干枣即可，要谢绝亲戚朋友的祭拜。

其次，他告诫子孙如果不按照自己的嘱咐执行就是不孝。另外，他还强调，如果要念经诵佛也要量力而行，不要因此消耗太多的钱财。

颜之推一生奔波流离，他认为自己像一朵浮云，不知道哪块地是自己的葬地，因此死后就近埋葬即可，子孙要以传承家业、弘扬声名为重，不可以因为顾念父母的葬身之处，而埋没了自己的前程。

颜之推的遗嘱字字句句都是发展性的，如不让子孙铺张浪费，不让子孙杀生祭祀，等等。这些嘱托都反映了颜之推对子孙的爱，他以积极的姿态告诫子孙，让他们能够把家业发扬光大，让他们不要停留在过去，而是面向未来，成就自己。这样的爱是大爱，对子孙的教导也是务实而具有前瞻性的。

颜之推的遗嘱对今人也有启发，如要引导子女对待父母的孝要做到厚生薄葬，身后事要适可而止，不要铺张浪费；同时，教导子孙要量力而行，不可为了已故之人影响活着的人的生活质量；更强调了对父母的孝是为了传播家业、名声，不能为此影响子孙的发展。